夜间
动物图鉴

[日]今泉忠明 著

周立宜 译

未来出版社
·西安·

U0224591

在人类酣睡的夜晚，动物们正在悄悄地活动……

在黑夜里生存的动物、表现出与白天不同状态的动物……

夜晚的动物世界令人惊讶，充满了不可思议！

关于小档案

关于第2章~第7章出现的各种各样的动物，附着如下面一样的信息资料。

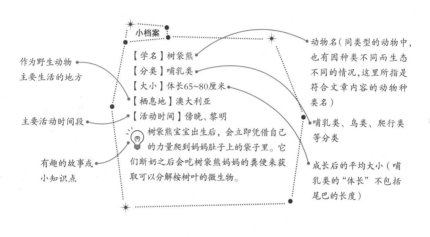

小档案

作为野生动物
主要生活的地方

主要活动时间段

有趣的故事或
小知识点

【学名】树袋熊
【分类】哺乳类
【大小】体长65~80厘米
【栖息地】澳大利亚
【活动时间】傍晚、黎明
树袋熊宝宝出生后，会立即凭借自己的力量爬到妈妈肚子上的袋子里。它们断奶之后会吃树袋熊妈妈的粪便来获取可以分解桉树叶的微生物。

动物名（同类型的动物中，也有因种类不同而生态不同的情况，这里所指是符合文章内容的动物种类名）

哺乳类、鸟类、爬行类等分类

成长后的平均大小（哺乳类的"体长"不包括尾巴的长度）

目　录

夜晚活动的动物们的秘密

动物们热闹的夜晚

第3章 动物们安静的夜晚

第4章 动物们辛苦的夜晚

第5章 动物们令人吃惊的睡相

第1章

夜晚活动的动物们的
秘密

为什么会存在夜晚活动的动物呢？
它们惊人的能力是什么？
让我来告诉你有关夜行性动物的知识吧。

夜行性究竟是什么?

蛾子

在夜间活动的动物也有很多

夜行性是指"主要在夜晚活动"的习性。

比如说,很擅长在夜间狩猎的花豹、到了晚上就出来吸食树汁的独角仙。

我们身边的猫和狗,在原来也是夜行性动物。

世界上存在着很多夜行性动物,它们正在展开着与白天完全不同的活动。

锹形虫

以夜行性为

鬣狗

花豹

蝙蝠

鳄鱼

在夜晚狩猎

花豹和鬣狗是以夜行性为主的动物,很擅长在夜间捕猎,因为在黑暗中它们更容易悄悄接近猎物。鳄鱼则喜欢在傍晚至夜间狙击靠近水边的动物。

在夜晚飞来飞去

猫头鹰为了不与捕猎目标相同的雕和鹰的捕猎时间相撞,因此选择在夜晚捕食。蝙蝠在白天一直睡觉,傍晚到夜间才是它们的活动时间。

在夜晚变得活跃

在路灯下聚集，寻找配偶，吸食树汁等，很多昆虫都在夜晚活跃。

独角仙

河马

在夜晚觅食

大多数的老鼠在晚上从洞里出来觅食；河马夜间从水里出来吃草；杂食动物果子狸晚上在田间寻找食物。

老鼠

主的动物

果子狸

夜猴

在夜晚寻找配偶

虽然大多数猴子是在白天活动，但也有一部分猴子是夜行性动物，如眼镜猴、夜猴等，它们会在夜里为了寻找配偶而大声啼叫。

猫头鹰

3

夜行性动物出现之前

在很久很久以前，白天的世界是属于恐龙的

　　大约在两亿年前，地球上最繁荣兴盛的生物是恐龙。有在地上跑的，有在天上飞的，还有在海里游的，恐龙独占了白天的世界。

　　尽管哺乳动物的祖先也登场了，但为了不被恐龙吃掉，它们都躲藏在密林里，在夜间悄悄地活动。

白天

趁着那些家伙在睡觉，出门看看吧。

夜晚

恐龙灭绝后，哺乳类动物取得了天下

6 500万年前，恐龙灭绝之后，哺乳动物在白天的世界里登场了，如猛犸象、剑齿虎等，渐渐地，人类的祖先也诞生了。天上有鸟类，海洋和河流里有鱼类，陆地上各种各样的哺乳类动物也多了起来。

选择夜晚世界的动物纷纷登场了

在白天的世界里生活的动物渐渐增多，它们之中，有强大的，也有弱小的。

为了躲避主要在白天活动的雕和鹰等天敌，老鼠选择回到夜晚的世界。与此同时，靠捕食老鼠为生的那些动物的生活习性也因此变成了夜行性。

像这样的事情还发生在很多其他动物的身上，在夜晚活动的动物和在白天活动的动物就是这样逐渐分化开的。

大大的眼睛

这些动物有着大大的眼睛，夜视能力很强。最具代表性的是眼镜猴，如它的名字一般，眼镜猴有着像眼镜一样大的眼睛，可以很好地聚集光线，让它在黑暗中也能活动自如。雕鸮和猫头鹰也是这样。

眼镜猴

用已经适应黑暗的视力在夜晚生活

有些动物为了能在黑夜中看清东西，让自己的视力适应了黑暗。比如生活在我们身边的猫！猫在黑暗中闪闪发光的眼睛，就是为了在夜晚能发现猎物而形成的身体构造。

猫头鹰　　雕鸮

发光的眼睛

猫、狮子、老虎等猫科动物的眼睛里有一层叫"明毯"的脉络膜层，它可以像镜子一样反射光线，增强光线，所以就算只有微弱的光线，猫科动物们也能很轻松地看清东西。

狮子

猫

老虎

色觉的不可思议

"色觉"是指对颜色的感知能力。能感知到的颜色越多，看到的东西就越鲜艳。

4色。

世界好鲜艳

红、紫外线2色色觉。

看不到绿色和蓝色。

哺乳类的祖先

变化　和祖先一样

红绿蓝3色。

和人类一样。

还是看不到绿色和蓝色。

2色。

和恐龙时代一样！

我们有4色色觉。

据说，从前作为地球王者的恐龙拥有4色色觉（红、绿、蓝、紫外线）。那时，哺乳类的祖先为了躲避恐龙而在夜间活动，由于在黑暗中没有必要看到那么多种颜色，于是这些动物感知绿色和蓝色的色觉就渐渐消失了，最后只有2色色觉……

不久之后恐龙也灭绝了，人类和猴子等灵长类动物渐渐开始在白天活动。在觅食的时候，为了便于在绿色的树叶之间辨认出红色的果实，它们感知红色的色觉就分化成红色和绿色的色觉，感知紫外线的色觉则变为感知蓝色的色觉，就这样，形成了红、绿、蓝的3色色觉。

但是，除灵长类之外的哺乳动物还是和它们的祖先一样，只能感知到红色和紫外线。此外，爬行类、鱼类和从恐龙进化而来的鸟类等，现在仍然拥有4色色觉。

9

听觉

听取声音、感知声音振动的能力。因为声音的传播速度非常快，所以动物能够迅速地察觉到猎物或危险的存在。

听觉、嗅觉、触觉都适应了黑暗

因为晚上太黑而难以看清事物，这一点人类和动物都是一样的。夜行性动物除了"看（视力）"以外的其他能力也都适应了黑夜，使它们在黑暗中也能惬意地生活。现在我来介绍其中的一部分吧！

猫头鹰

听觉很灵敏，不放过猎物发出的任何声音。扁平的脸部就像收集声音的雷达一样。

蛇

通过下颌骨接触地面来感知声音的振动。

鳄鱼

通过水的振动来感知声音，声音在水中的传播速度比在空气中要快，所以鳄鱼能迅速地发现猎物。

触觉

用皮肤等与物体接触时产生感觉的能力。有的动物能通过皮肤来感知其他动物散发出的体温，它们在黑暗中也能清楚地判断出对手的位置。

我发现在前方2米处有猎物！

颊窝

吸血蝠

能感知猎物的体温那是当然的，它甚至有能感知隐藏在皮肤下血管位置的能力。

发现血管！

蟒蛇

处于脸颊的凹槽（颊窝）具有热感知的功能，能辨别出比周围环境温度更高或更低的地方，并能准确判断对手所处的方向和距离。

嗅觉

感知气味的能力。肉食动物的嗅觉比草食动物要更发达。

狐蝠

蝙蝠靠发射超声波在夜晚也能感知周围物体的位置，但是狐蝠无法发出超声波。取而代之的是它们利用发达的嗅觉和视觉来发现作为主食的果物。

奇异鸟

虽然视力退化了，但是奇异鸟的嗅觉很发达。奇异鸟的鼻孔在喙的前端，这样，在寻找土壤中的蚯蚓时就很方便了。

鼻孔在这里！

活动时间的种种

动物们各有各的活动时间。

昼行性

在有太阳的时间段活动。包括人在内的灵长类、鸟类和大多数草食动物都是昼行性动物，蝴蝶等部分昆虫也具有昼行性。

夜行性

在夜间活动。虽然有在白天也活动的夜行性动物，但也有像果子狸和鼯鼠那样完全的夜行性动物。多数的昆虫也是夜行性动物。

晨昏性

擅长在傍晚和黎明等天色微暗的时间段活动。尽管大多数捕猎的哺乳动物属于晨昏性动物，但由于它们在夜晚更为活跃，本书中也有把它们划分为夜行性动物的情况。

主要在白天活动的生活习性被称为"昼行性"，主要在夜间活动的生活习性被称为"夜行性"。除此之外，也有在傍晚或黎明时分活跃的生活习性，被称为"晨昏性"。

猫、狼、狮子等捕猎者大多是晨昏性动物。

但是，高等动物只要是肚子饿了或是有要处理的事情，不管是白天还是晚上都会活动。所以猫和狮子之类的动物在白天捕猎也不足为奇。人类的生活习性基本上是昼行性，但是人类也很擅长熬夜呢。

第2章

动物们
热闹的夜晚

在夜晚，动物们热闹地活动着。
在人类都进入梦乡的时候，
竟然发生着这样的事情……

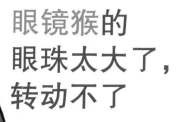

眼镜猴的眼珠太大了，转动不了

> 眼睛太大了，太难转动了。

正如它的名字一样，眼镜猴有着像眼镜一样大大的眼睛。它们是猴类中鲜有的**完全的夜行性动物**。那么为什么眼镜猴在夜晚也能活动呢？秘密就在它这双大眼睛里。它的眼睛究竟有多大呢？仅仅一颗眼珠就足有它的大脑那么大。大大的眼睛容易聚光，因此它在黑暗的环境中也可以活动自如。

眼镜猴的眼珠太大了，大到紧紧地填满了它的眼窝，所以它的眼珠是不能转动的。它**不能斜眼看东西**，想稍微看一眼旁边的话，就必须转过头去。能在夜晚看清楚和能转动眼珠，到底哪个能力好呢？

◆ 小档案 ◆

【学名】菲律宾眼镜猴

【分类】哺乳类

【大小】体长10~12厘米

【栖息地】东南亚

【活动时间】夜间

💡 菲律宾眼镜猴（通称跗猴）有着特别脆弱的性格，稍微有一点压力，就会用头撞树。它们是不适合嘈杂环境的动物。

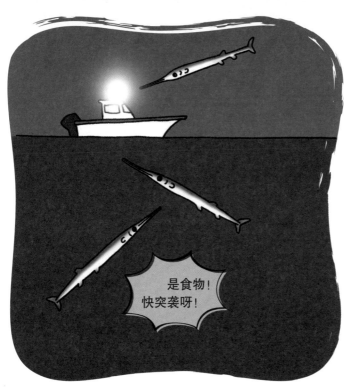

是食物！
快突袭呀！

颌针鱼会突袭夜晚垂钓的人

　　一说起有人因钓鱼而意外送命这样的事，大家一般都会以为是不小心落水溺亡的吧。不对不对，其实也有鱼突袭人类的事故发生呢！

　　造成这些事故的是一种叫作颌针鱼的鱼类。它们的嘴部很尖，细长的身体在空中一跃，就能像离弦的箭一样向前飞跃。**颌针鱼是夜行性鱼类，会把发光的东西当成猎物而向其飞袭。所以它们一见到夜间垂钓船上的大灯，就会觉得"是食物呀！"而飞冲过去**，有时会意外刺伤在船上的人。它们是非常一根筋的鱼呢！

　　虽然颌针鱼有些危险，但是做成生鱼片的话还是相当好吃的，它的肉有一种清爽的味道。

小档案

【学名】颌针鱼
【分类】鱼类
【大小】全长70~100厘米
【栖息地】热带、温带海域沿岸
【活动时间】夜间

　　颌针鱼与秋刀鱼、针鱼一样，成群地在靠近水面的海里游泳。很少有人专门去捕捞它们，大多是人们在钓斑鳑和鲕鱼时会意外钓到它们。颌针鱼会突袭船只在垂钓圈里也是很有名的。

15

老虎在晚上集会见面

好嘞！长什么样儿都记住了。

　　说到老虎，它们主要生活在森林里，是大型肉食动物的代表。如果说狮子是热带草原的王者，那么老虎就是密林里的王者啦。它们都是猫科动物，都在傍晚至夜间出来显露捕猎本领。老虎和猫一样有着**会发光的眼睛，就算仅有一点微光也不会让猎物逃走**。

　　因为老虎是独居动物，所以捕猎时也是单独行动。但是，老虎其实并不十分擅长捕猎！因此它们的身体变得很能贮存能量，吃一顿可以顶好几顿。

　　有趣的是，它们和猫一样，也会进行"**夜晚的集会**"。猫的集会是

生活在那片区域的猫伙伴们见面的重要仪式。老虎也一样，它们在集会上见见面，大概是想知道在自己的领地周围都有谁吧。知道互相的存在之后，老虎捕猎的范围就不会重叠。这也是为了避免无意义的纷争而形成的规矩！

小档案

【学名】孟加拉虎

【分类】哺乳类

【大小】体长2~3米

【栖息地】印度、孟加拉国、尼泊尔、中国等

【活动时间】夜间

老虎的捕猎方式是先悄悄接近，在距离缩到足够近的时候，一口气扑向猎物。老虎身上的条纹，有在悄悄接近猎物或隐藏在草丛时模糊其身体轮廓的优点。

17

袋獾在晚上会发出像恶魔一样的叫声

> 不放！
> 这是我的！

> 你小子，
> 给我放开啊！

在澳大利亚的塔斯马尼亚岛生活的袋獾，也叫"塔斯马尼亚恶魔"。它们白天在岩洞或草丛里休息，**到了夜晚就变得活跃**，出门寻找食物。它们的嗅觉非常出众，即使在夜间也能准确捕捉到食物的气味。

袋獾特别贪吃，什么肉都吃，既吃腐肉，也会去袭击活的动物！而且它们的脾气特别暴躁，经常和同伴因为争夺食物而争吵。由于袋獾**不仅吃腐肉，而且叫声也很吓人**，因此人们都说它们"像恶魔一样"，所以就有了"塔斯马尼亚恶魔"这个名字。袋獾乍一看可爱的外表和它的名字之间确实存在着巨大的反差！

小档案

【学名】袋獾
【分类】哺乳类
【大小】体长50~60厘米
【栖息地】塔斯马尼亚岛
【活动时间】夜间

袋獾是世界上最大的肉食性有袋类动物。和袋鼠正好相反，袋獾用来装宝宝的袋子开口冲后面（入口在屁股那一侧）。这是为了它们在用前爪刨土的时候，土不会进到袋子里去。

18

雄寄居蟹在晚上 挠雌寄居蟹的贝壳

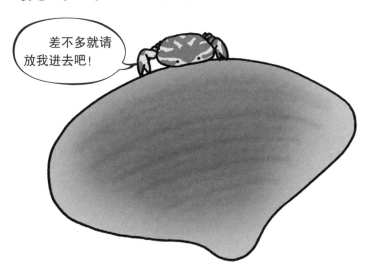

差不多就请放我进去吧!

对于野生动物来说,生育后代是最重要的!寄居蟹为了确保找到自己的交配对象可吃了不少苦头。寄居蟹通常藏在双壳贝中过着独居的日子。到了繁殖期,**雄寄居蟹会去拜访雌寄居蟹居住的贝壳,然后为了让贝壳打开而一个劲儿地挠它**。根据观察,竟然有雄寄居蟹在贝壳外苦等将近4个小时!寄居蟹生育后代就是靠雄性的努力、毅力和纠缠不休。

并且,**雄寄居蟹在夜间行动,是因为贝壳在夜间的反应会变迟钝,能降低自己被夹碎的风险**。这可是赌上性命的事情呢!

小档案

【学名】寄居蟹

【分类】甲壳类

【大小】甲壳的宽度:雄性约为5毫米,
　　　　雌性为1厘米

【栖息地】世界各地的海域

【活动时间】夜间

寄居蟹也寄生在海胆或海参里。它们会掠走宿主的食物从而妨碍宿主的生长。在有的地方它们被视为麻烦,但据说在智利,在海胆中发现寄居蟹会被当作是一件幸运的事。

臭鼬的屁让夜晚的天敌都要逃跑

臭鼬以它的臭屁而闻名。它们被天敌袭击的时候会倒立，并把屁股冲着对方放屁，然后趁敌人发怵之时逃跑。其实对人类来说这并不是一种很讨厌的气味，但是对于臭鼬的天敌郊狼和美洲狮来说，这是一股实在难以忍受的恶臭，这种恶臭它们体验一次之后就再也忘不掉。

所以之前经历过被臭鼬攻击的美洲狮，一看到臭鼬准备倒立，就会马上逃跑，因为它们知道倒立是臭鼬要放屁的前兆。但是没有经验的年轻美洲狮一去接近倒立的臭鼬，就要倒大霉了。

臭鼬鲜明的白色毛发与强烈的臭屁很容易让天敌形成联想，**有着让天敌一看到白色毛发就想逃跑的效果**。在夜晚活动，白色的毛发更为显眼，是一种效果显著的毛色。但是，或许是因为鸟类的嗅觉很迟钝，臭屁攻击无法起效，所以臭鼬还是会被雕、鸮等鸟类袭击。

白颊鼯鼠很不擅长从树上下来

别说我像坐垫！

夜晚的森林里，在树和树之间飞来飞去的身影，就是白颊鼯鼠或亚洲飞鼠了。与亚洲飞鼠相比，白颊鼯鼠的体形更大一些，被称为"会飞的坐垫"。

与同科的在白天活动的松鼠不同，白颊鼯鼠是完全夜行性的动物。**它有着闪闪发光的眼睛，在黑暗中也能很好地看清目标**。瞪着发光的眼睛飞行的白颊鼯鼠看起来很有气势！

但就算是这样有气势的白颊鼯鼠，**却很不擅长从树上下来**。它会撅着屁股一步一步地倒退着从树上挪下来。它的4个踝关节虽然很壮实，可以承受落到地面的冲击力，但是却不能自如地活动。所以它很不擅长做从树上爬下来这样的动作。正所谓金无足赤，"人无完人"，对吧！

小档案

【学名】白颊鼯鼠
【分类】哺乳类
【大小】体长30~45厘米
【栖息地】亚洲
【活动时间】夜间

💡 白颊鼯鼠完全在树上生活，极少落到地面上活动（反正也不擅长）。它们顺应季节，靠吃能在树上简单得到的坚果、浆果、叶芽花朵或者树枝来生活。

我才不会白白活动呢!

接下来去那边看看吧。

雌性蟑螂是家里蹲

在夜晚黑暗的厨房里偷偷摸摸地活动……被人列入讨人厌排行榜第一名的蟑螂登场了!它们也是夜行性动物,**白天隐藏在阴暗的角落里,到了晚上就活跃起来。**

令人惊讶的是,蟑螂并没有可以称之为巢穴的东西。虽然是群体一同生活,但它们只是聚集在一个地方。雄性蟑螂好奇心旺盛,会到处乱爬;**雌性蟑螂就只在平常待的地方和有食物的地方来回往复而已,基本上是家里蹲。**

产卵期的雌性蟑螂警戒心特别强,几乎不出门!所以要完全清除这些蟑螂是一件相当困难的事情。

小档案

【学名】德国小蠊
【分类】昆虫类
【大小】身长12~15毫米
【栖息地】除了寒冷地带之外的世界各地
【活动时间】夜间

世界上有4000种以上的蟑螂,它们大多都在野外生活。中南美洲原产的蟑螂因为颜色多彩、没有翅膀而受到人们的欢迎,还成为了观赏性宠物!

23

奇异鸟在夜晚，哼哧哼哧、吸溜吸溜地寻找蚯蚓

奇异鸟是新西兰的国鸟，圆圆的体形是它们的特征。由于翅膀退化了，不能飞，它们靠健壮的双脚在地面活动。并且，**它们是鸟类中少有的夜行性动物。**

奇异鸟在夜晚活动，是因为它们主要以蚯蚓为食。白天的时候蚯蚓在土里待着，到了晚上就会到接近地表的地方来。奇异鸟用它们长长的喙作为工具，巧妙地把**土里的蚯蚓掘出来吃掉。**

通常，鸟的鼻孔都在接近喙根部的地方，**但奇异鸟的鼻孔却在喙的前端。**多亏了这样特别的喙的构造，让奇异鸟不会轻易错过土壤里蚯蚓的味道！

吸溜吸溜！

取而代之的是，它们的眼睛退化了，变得特别小。它们经常被称为"眼睛最小""视力最派不上用场"的鸟类。有得就有失……世上的事情就是这样。

哼哧哼哧！

小档案

【学名】鹬鸵

【分类】鸟类

【大小】体重2.2~3千克

【栖息地】新西兰

【活动时间】夜间

奇异果是在新西兰开发出来的水果品种，因为奇异鸟是新西兰的象征，所以当时这种水果在出口的时候被冠以鸟的名字，于是便有了"奇异果"这个名字。比起水果，其实鸟才是正主呀。

河狸到了晚上就拼命地搭房子、修水坝

家就是要自己搭建呀。

　　以用树枝来修水坝和搭房子而出名的河狸，它们也有自己的领地，**雄性河狸每晚都孜孜不倦地搭房子**。说到它们在夜晚行动的原因，其实是**为了避免被天敌发现**。它们晚上悄悄地到岸上来，用坚硬的牙齿咬断树木，来作为建水坝和搭巢穴的材料。

　　手艺好的河狸木匠差不多10分钟就能弄断直径15厘米的树！它们也能搭建800米长的水坝！如果水坝坏了，它们也会不厌其烦地修好。修水坝和搭房子是它们的本能，即使不用教也会。如果水坝拦蓄的水量太大了，它们还懂得破坏水坝来放水。

✦ 小档案 ✦

【学名】美洲河狸

【分类】哺乳类

【大小】体长80~120厘米

【栖息地】北美洲

【活动时间】夜间

　　河狸在小屋中和家人一起生活，它们白天睡觉。河狸有能分泌油脂的器官，到了晚上，它们在搭房子或修水坝之前会用油脂涂满全身的皮毛然后再潜入水中。所以它们身上的毛可以防水，这能让它们在水中自如地活动。

蛾子在夜间也能利用触角来发现食物

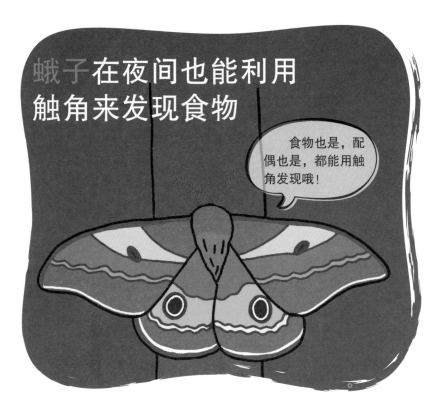

食物也是，配偶也是，都能用触角发现哦！

夜行性的蛾子虽然看不清昏暗的周围，但嗅觉却很灵敏，它们引以为傲的毛茸茸的触角能灵敏地感知食物的气味。有的蛾子听力非常好，如裳夜蛾一听到天敌蝙蝠挥动翅膀的声音，就会马上躲避危险！这是很重要的本领。

寻找交尾对象的时候，蛾子也是靠气味来寻找的。雌蛾会放出"我在这里哦"的信息素（气味），来邀请雄蛾。雄蛾的触角有感知雌蛾信息素的器官，能准确地捕捉到气味。成年蛾子的寿命最长也就只有一个月左右，所以大家都在拼命地寻找配偶。

小档案

【学名】樟蚕成虫
【分类】昆虫类
【大小】张开翅膀长10~13厘米
【栖息地】中国、亚洲等地
【活动时间】夜间

区别蝴蝶和蛾子的界限很模糊。粗略地来讲，蝴蝶是昼行性，蛾子是夜行性，但是也有很多例外。蛾子的触角毛茸茸的，蝴蝶的触角大多都像棉签的形状。

珊瑚在满月的夜晚一齐产卵

大家不要落后了哦!

把大海装点得色彩斑斓的珊瑚,虽然看起来像植物,但是你知道吗?它们其实是动物,与水母和海葵是同类。

珊瑚产卵很奇特。好像"6月的第一个满月之夜"这一时间在出生时就被编入了基因图谱(DNA)一样,到了那一晚,附近所有的珊瑚会同时释放精子和卵子。据说它们是对满月的光产生反应,而在这时一齐释放精子和卵子。

在夜晚的海洋里释放出无数生殖细胞的场景,像飞舞的花瓣一样美丽。这对珊瑚来说是一年一度的、绝不能迟到的重大工作。

> ★ **小档案** ★
>
> 【学名】珊瑚
> 【分类】刺胞动物
> 【大小】每年生长10~20厘米(树枝状珊瑚)
> 【栖息地】热带区域的海洋
> 【活动时间】夜间
>
> 在数百米到数千米深的深海里,有一年只生长几毫米的珊瑚。珊瑚的骨骼经过打磨之后很美观,所以被称为"宝石珊瑚"。从古代开始,它们就被当作贵重物品来进行交易。

鳄鱼会在傍晚的水边蹲守猎物

今天也有大餐送上门来呀！

淡水系动物中的王者——鳄鱼。鳄鱼虽然具有夜行性，但**它最活跃的时间段是傍晚**。到了傍晚，准备要睡觉的动物、刚刚醒来的动物，大家都在这个时间段来河边喝水，对于鳄鱼来说这是猎物排队送上门来的时间。**鳄鱼一边在河里悄悄地浮着，一边伺机袭击来喝水的动物。**而且，对方在喝水的时候是毫无防备的，狩猎相对容易。可以说鳄鱼是玩头脑游戏的高手。

与之相对的，白天的时候，鳄鱼就在河流的浅水处或水边的树丛中休息，有时也会浮在水面打盹儿。因为鳄鱼的鼻子是露在水面上的，所以它们能直接浮在水面睡觉。

小档案

【学名】湾鳄

【分类】爬行类

【大小】体长4.3~5.2米

【栖息地】东南亚、澳大利亚、印度、印度尼西亚等地

【活动时间】夜间

鳄鱼的祖先登场的时期比恐龙还要早些。后来恐龙灭绝了，鳄鱼却幸存了下来。目前还没有人知道它们是怎么幸存下来的。鳄鱼是仍然保留着原始时期形态的生物。

水豚在晚上
偷偷溜进牧场吃草

　　凭借呆萌喜感的外表而大受欢迎的水豚，也在白天活动，所以会被认为是昼行性动物。但是说到底，**它们在夜晚更加活跃**，理由非常简单，因为它们**在晚上更容易吃到食物**。

野生的水豚住在亚马孙河流域，以植物为主食。"厚脸皮"的它们会悄悄溜进牧场，混在牛群和马群里偷吃牧草，但是被人类发现了就会被赶出去，然后如此循环往复。对人类来说，重要的牧草被吃掉当然会觉得困扰。

到了晚上，碍事的人类就不在啦！**它们可以堂堂正正地进入牧场吃草。**因此，水豚就成了在夜晚活动的动物。

野生的水豚，别看它们体形圆滚滚的，跑起来的速度可是你想象不到的快。拿出真本领的时候，它们可以跑到50千米/时的速度，和小汽车平时行驶的速度一样！

碍事的家伙不在了，饭都变得好吃了！

小档案

【学名】水豚
【分类】哺乳类
【大小】体长105~135厘米
【栖息地】南美洲
【活动时间】夜间

水豚没有尾巴，但是在肛门的上方有一个小小的突出部位。如果被摸到这里，它们似乎会感到特别舒服，眼神也会变得迷离，还会卧下来享受。这个姿势特别可爱，这让水豚获得了很高的人气！

猫头鹰的眼珠不能动，但是头可以转到身后去

不是故意吓唬人的……

很久很久以前，猫头鹰曾在白天的世界里活动，但是经常被同为猛禽类的鹰和雕欺负，不能很好地觅食……所以，它们把活动时间转向了夜晚。

为了能在黑暗中看清物体，猫头鹰的眼珠进化得很大。但是，为了大大的眼珠不掉出来，便把眼珠固定在了眼窝深处的骨骼上，**但是眼珠也因此不能转动了。**

取而代之的是，**猫头鹰的头可以270度水平转动**，脸能转到身体的后方！虽然这像惊悚电影一样吓人，但对于猫头鹰来说，这是确认周围环境的非常重要的动作。

小档案

【学名】乌拉尔猫头鹰
【分类】鸟类
【大小】体长50~60厘米
【栖息地】欧亚大陆
【活动时间】夜间

猫头鹰眼睛睁得大大的，停在树上一直目视前方的样子像是在思考着什么一样，所以它们也有"森林贤者""森林哲学家"等外号。猫头鹰在西方文化中是知性、艺术和信赖的象征。

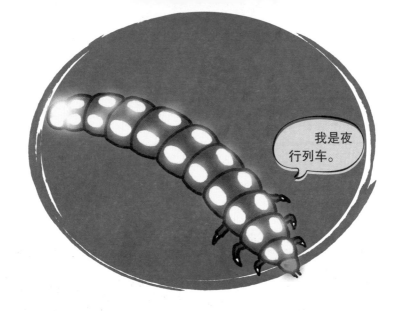

我是夜行列车。

铁道虫在夜晚
头部会发出红色的光

在自然界，能让自己的身体发光的动物并不少见。像萤火虫（本书第87页）和发光蕈蚊（本书第140页）等，很多昆虫都能发光。

铁道虫**不仅身体会发出黄光，头部也能发出红色的光**。那样子就像从窗口透出光亮的列车一样，所以它被叫作"铁道虫"（学名叫凹眼萤）。它在夜晚时确实像在黑暗中前进的小小列车一样呢。

能发光的只有铁道虫的幼虫和雌虫。雌虫靠发光来吸引雄性成虫。另外，当它们找到食物或是警告天敌的时候，发出的光会更加明亮。

小档案

【学名】凹眼萤

【分类】昆虫类

【大小】体长6厘米

【栖息地】南北美洲

【活动时间】夜间

凹眼萤的雄性成虫有着一对很威风的触角，像羽毛一样会展开和卷曲，特别具有艺术性！可能因为它们的触角是用来探寻雌虫信息素（气味）的天线，所以覆盖面积才会变得这么大。

亚洲大鲵看起来慢吞吞的，却是很厉害的捕食高手

　　亚洲大鲵因为外表滑溜溜的，体形又大，白天不活动的它们给人留有行动慢吞吞的印象。

　　但是，真实的亚洲大鲵却是一个不折不扣的吃货。由于它完全在水

我就是用这张大嘴捕食猎物的哦！

中生活，所以它主要吃一些同住在河流里的小鱼、小蟹等。有时候也能看到它会吃蛇类。其实也有亚洲大鲵同类相食的说法。

亚洲大鲵白天在水边挖的洞穴里休息，狩猎时间主要是在晚上。因为是吃货，所以它很擅长捕猎。它静静地隐藏在洞穴里，**有美味的猎物出现的话就会突然冲过去**，大嘴一张，不论是小鱼还是小蟹都一口吞掉，那大张的嘴就像个黑洞似的！**它嘴里长着密密麻麻锯齿状的小牙，一定不会让猎物逃脱。**

小档案

【学名】亚洲大鲵

【分类】两栖类

【大小】体长50~130厘米

【栖息地】亚洲

【活动时间】夜间

亚洲大鲵是特殊保护动物，现在被禁止捕捞。它们有的能长到150厘米，以前曾被当作补充蛋白质的食物。因为它的肉闻起来有辣乎乎的山椒的味道，所以也被叫作大山椒鱼。

嘿，两位都很漂亮出众呢！

独角仙在夜晚又是觅食又是寻找配偶，可真忙

独角仙是昆虫中的王者，和锹形虫一样，是非常受欢迎的昆虫。独角仙和锹形虫都是夜行性的，**太阳落山时会来到养蜂场吸食树汁。**

在短短的一生中，独角仙最优先的事情就是进食，其次就是为繁殖子孙而进行交尾。雄性和雌性独角仙的相遇基本上都是在进食的时候，这时雌虫放出信息素，这就是交尾的邀请。**养蜂场可是它们很重要的见面场所呢。**

独角仙在夜间又是觅食又是求偶，它们白天就开启了节能模式，在树根、腐叶土或落叶枯枝下休息。

> ·**小档案**·
>
> 【学名】双叉犀金龟
> 【分类】昆虫类
> 【大小】体长3~5.5厘米（雄虫，除去角）
> 【栖息地】东亚
> 【活动时间】夜间
>
> 说到独角仙就一定要说它的角！和其他雄虫争夺雌虫或食物时就要用到它的角。但是，被天敌抓到要逃跑时，还是短一些的角比较有利。

果子狸到晚上就会劲头十足地到处活动

在夜晚的住宅区窜来窜去的黑影，并不是老鼠或黄鼠狼，最近人们经常能看到果子狸的身影。果子狸是灵猫科动物。灵猫科是**完全夜行性**的，它们大多在入夜以后会变得生龙活虎。果子狸也是一样，觅食、筑巢、和同伴争斗，**一到晚上就变得活跃起来**。和猫一样，果子狸的眼睛在黑暗的环境中也会发光。它们食欲旺盛不挑食，野菜、昆虫之类的什么都吃。

然而最近，出现了与果子狸有关的很多问题，如闯入民宅筑巢、破坏田地等。特别是它们的巢穴异味很大，很多地方的人们都备受困扰。

小档案

【学名】果子狸

【分类】哺乳类

【大小】体长50~75厘米

【栖息地】东南亚、南亚、中国南部、亚洲

【活动时间】夜间

果子狸有"白鼻心"这个别名，这是因为它们从额头到鼻头有一条白线。它们很擅长爬树，所以有时会看到它们在电线上移动。果子狸很胆小，它们一见到人类就会马上逃走。

青蛙用大大的眼睛威慑敌人

比眼神的威慑力，我可不会输！

一到晚上，青蛙的叫声就变得喧闹起来，在白天可不怎么能听到青蛙的叫声。从这我们可以知道，**青蛙是夜行性动物**。喧闹的叫声是雄蛙对雌蛙求偶的信号。

另外，青蛙的外部特征也已经适应了夜晚。青蛙的眼睛很大，对吗？正因为眼睛特别大，所以青蛙和猫头鹰一样，在黑暗中也能看得非常清楚。

炯炯有神的大眼睛也有威慑敌人的作用。**正在睡觉的青蛙在感知到有敌人接近时突然睁开眼睛**，会吓对方一跳。突然被那样的眼睛瞪着，确实会被吓得不轻呢。青蛙很懂得怎么运用自己的特长。

小档案

【学名】青蛙
【分类】两栖类
【大小】体长约8厘米
【栖息地】世界各大洲
【活动时间】夜间

一说到青蛙就会想到它们住在水边。青蛙的皮肤裸露，不能有效地防止体内水分的蒸发，因此青蛙离不开水或潮湿的环境，它们大部分生活在热带和温带多雨地区。

鸡在夜晚跑起来也不会摔倒

在黑夜中跑起来也完全没问题。

　　夜盲症，在亚洲有"鸟目"的说法，是说鸟在夜晚是看不见东西的，但这并不正确。大多数鸟类在黑夜中是能看见的，不然在野外鸟类就活不下来了。人们的这个误解是来自于人类饲养的鸡到了晚上就不动了这一现象。

　　然而，**鸡并不是完全的夜盲症**。鸡在夜晚感知到危险就会醒来，然后火速逃走，**而且它们不会摔倒或是撞到东西！**所以说，鸡在黑暗中也能看得到东西。但是和在天空中飞翔的鹰和雕比起来的话，那鸡的视力肯定还是不如它们的……

小档案

【学名】鸡

【分类】鸟类

【大小】体长50~70厘米

【栖息地】无野生

【活动时间】白天

　　鸡的祖先生活在东南亚的密林里，是一种叫作原鸡的野生鸟类。鸡大约在4 000年前开始被人类饲养，它们作为家禽有着悠久的历史。

小档案

【学名】指猴

【分类】哺乳类

【大小】体长35~45厘米

【栖息地】马达加斯加岛

【活动时间】夜间

指猴眼睛睁得大大的，爬在树上啃虫子的样子很吓人。当地人把指猴当作"恶魔"来看，传说被它长长的中指指到的人，会发生不幸的事……

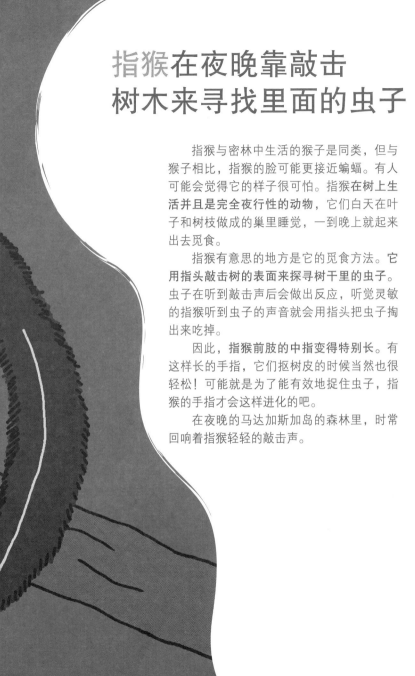

指猴在夜晚靠敲击树木来寻找里面的虫子

指猴与密林中生活的猴子是同类，但与猴子相比，指猴的脸可能更接近蝙蝠。有人可能会觉得它的样子很可怕。指猴**在树上生活并且是完全夜行性的动物**，它们白天在叶子和树枝做成的巢里睡觉，一到晚上就起来出去觅食。

指猴有意思的地方是它的觅食方法。**它用指头敲击树的表面来探寻树干里的虫子。**虫子在听到敲击声后会做出反应，听觉灵敏的指猴听到虫子的声音就会用指头把虫子掏出来吃掉。

因此，**指猴前肢的中指变得特别长。**有这样长的手指，它们抠树皮的时候当然也很轻松！可能就是为了能有效地捉住虫子，指猴的手指才会这样进化的吧。

在夜晚的马达加斯加岛的森林里，时常回响着指猴轻轻的敲击声。

蜘蛛视力很差，却能用"听力"来补救

用大长腿在夜晚窸窸窣窣地爬。

　　大家仔细观察过蜘蛛的脸吗？有8个眼睛哦。虽然有那么多个眼睛，却有很多种类的蜘蛛视力非常不好。

　　即使如此，蜘蛛也能在夜晚自如活动，那是因为它们对声音的反应很敏感。虽然蜘蛛没有耳朵和鼓膜，但是**前足长着的茸毛就是它们的感知器**，可以感知声音的振动。研究表明，蜘蛛能分辨不同的声音，也能对距离相当远的声音做出反应。

　　多亏了这灵敏的"听力"，蜘蛛才能在夜晚自如地活动，在夜晚也不会被鸟类等天敌发现，这样很安心呢！

★小档案★

【学名】白额巨蟹蛛

【分类】蛛形类

【大小】体长2~3厘米
　　　　（加上脚，长10~13厘米）

【栖息地】温带、亚热带、热带地区

【活动时间】夜间

尽管白额巨蟹蛛长长的腿容易让人感到害怕和讨厌，但其实它们是可以帮我们吃掉蟑螂的益虫。据昆虫学者说，如果家里有2~3只白额巨蟹蛛的话，它们可以在半年内消灭家里所有的蟑螂。

猞猁的别名是"可以看穿黑夜的眼睛"

很帅气的名字吧？

在寒冷地域生活的猫科动物猞猁，它们的名字在拉丁语中有"光"的意思，后来延伸为**"眼神敏锐的动物""看穿黑夜的眼睛"**等，用来形容猞猁夜晚视力好。猞猁还真是神秘且帅气呢！

猞猁基本是夜行性，但它们在白天也会活动。肚子饿了的话，以它们超群的捕猎能力在白天也能捕捉到猎物。虽然猞猁生活在雪域，但柔软坚韧的毛皮可以为它们抵挡严寒。而且它们的爪子很大，不会陷入雪里，这是适合在极寒地区生存的身体构造。

小档案

【学名】欧洲猞猁

【分类】哺乳类

【大小】体长80~130厘米

【栖息地】欧洲、西伯利亚

【活动时间】夜间、白天

成年的猞猁单独生活。它们的叫声很小，很难被发现，就算有吃剩下的食物和脚印等痕迹，也很难看到它们的身影。这也为它们添上了一抹神秘的色彩。

拟步甲的武器是倒立放屁

呜哇！

吃我绝招！

　　拟步甲的名字似乎并不为人所熟知。**它们喜欢阴暗的地方，最不适应光亮。**所以，如果被拿到明亮的地方，它们会急急忙忙往暗处逃。它们最讨厌太阳，所以当然是夜行性的啦。

　　拟步甲住在枯叶、朽木、腐叶土等潮湿阴暗的地方。到了晚上，它们就出来寻找能吃的菌类和苔藓。虽然它们会被鸟、老鼠和爬虫类盯上，但拟步甲会用必杀技来躲避这些天敌。没错，拟步甲的必杀技就是放屁，它们会像臭鼬一样**抬起屁股放臭屁**。顺便说一下，它们装死的本领也很厉害。

小档案

【学名】黄粉虫(拟步甲科)

【分类】昆虫类

【大小】体长12~18毫米

【栖息地】热带、温带

【活动时间】夜间

　　虽然黄粉虫的成虫不怎么被人熟知，但幼虫（面包虫）经常被用作活饵料。因为它们很容易大量繁殖，所以被用作钓鱼时的饵料，以及宠物昆虫或两栖类、小鸟等的活饵。

圆栉锉蛤用光来向敌人展示自己的厉害

　　伸着十分华丽的弯弯扭扭的红色触手，看起来有点不可思议的双壳贝，这就是圆栉锉蛤。这种贝，**被光照到的话，表面会发出像闪电一样的光**！而且，它们还有能让光变换移动的神秘构造。拥有这种能力的秘密就在它们的壳上。

　　圆栉锉蛤不像昆虫那样有发光器官，而是在接近它们壳的边缘处有能反射光线的细胞，所以看起来一闪一闪的。圆栉锉蛤发光的位置随光线照射的变化而变化。

　　它们靠光来威慑敌人，发出"吃了我可不会好受"的警告。

小档案

【学名】圆栉锉蛤

【分类】双壳类

【大小】壳长约5~6厘米

【栖息地】热带的浅滩海域

【活动时间】夜间

　　圆栉锉蛤在有珊瑚礁或岩礁的浅滩海域里生存。由于它多栖身在岩石的缝隙或裂口处，所以不易被发现。虽然它的颜色很美丽，但肉的涩味很重，所以不怎么好吃。

懒猴在夜间，慢悠悠地移动

慢——慢——地、谨慎地挪动哟！

懒猴科的动物，也是猴子大家庭中的一员。**懒猴类都是夜行性的**，白天在巢穴里睡觉，到了晚上才能发现它们的身影。

懒猴由于**动作很迟缓**，所以被称作"懒猴"。它们在树和树之间移动的时候也是慢慢地小心挪动。懒猴的英文名是slow loris，slow有缓慢的意思，真是猴如其名！由于滑稽独特的动作，懒猴也被称作"小丑猴"。

懒猴动作缓慢，是为了在移动时不发出声音，这样的话就不容易被天敌发现。同时，在晚上，懒猴的天敌也少，这样即使它们动作缓慢也不会陷入危险之中。

小档案

【学名】懒猴
【分类】哺乳类
【大小】体长25~38厘米
【栖息地】东南亚
【活动时间】夜间

懒猴是唯一有毒的猴子。它肘部内侧的分泌物和唾液混合起来的话，会变成具有刺激性臭味的毒物。懒猴将其涂满全身毛发，来预防皮肤的寄生虫。

壁虎即使上下颠倒，
也不会头部充血

头尾颠倒
也很轻松。

夜晚，粘在窗户上的，是蜥蜴？不，那是壁虎。壁虎生活在人类住宅的附近，是为了捕食聚在灯光处的昆虫，而墙壁的缝隙就是它们的床铺。

被倒着趴在墙上的壁虎吓到的人有很多。**然而壁虎身体里流动的血液本来就很少，即使倒立，血液也不会冲入头部。**壁虎的脚底像魔术贴一样能牢牢粘在墙壁上，所以也不会掉下来。因此，**即使是保持和地面垂直的状态，壁虎也能安心睡着，**它们能在狭窄的墙隙间有效地利用这个本领。

小档案

【学名】壁虎
【分类】爬行类
【大小】体长10~14厘米
【栖息地】中国东部、朝鲜半岛、亚洲
【活动时间】夜间

壁虎跟蜥蜴属同类。同样，它们在快要被天敌抓住的时候，会主动断尾逃生。它们的尾巴虽然会再生，但并不能和原先的一模一样，很多时候会比原来的短一截或者歪一些。

> 我们要去狩猎啦!

> 别来捣乱哦!

　　在夜晚的雪原中高声嚎叫的头狼,周围都是顺从它的群狼。头狼的嚎叫可以鼓舞狼群的士气……狼给我们的印象,应该就是这样帅气吧。

　　实际上,狼虽然会嚎叫,但却不是为了提高同伴的士气。**狼在出发狩猎前发出嚎叫是为了把"我们现在要出发去捕猎喽"这样的信息告诉别的狼群。**这样做的话,就不会与其他狼群的捕猎地点和时间有所重合,可以避免争斗。对野生动物来说,最可怕的就是因受重伤而不能活动。所以避免无端的争斗就是生存的铁则!

狼在夜晚嚎叫
以明示自己的位置

然而，虽然一般来说狼具有夜行性，但其实它们是晨昏性动物（本书第12页）。傍晚到刚入夜时，以及黎明的时候狼会变得活跃起来，深夜的时候它们并不怎么活动。

小档案

【学名】灰狼

【分类】哺乳类

【大小】体长100~160厘米

【栖息地】欧亚大陆、北美洲

【活动时间】傍晚、黎明

以前，在亚洲也存在狼族大家庭的成员之一——亚洲狼。虽然学界认为约在20世纪初亚洲狼就已经灭绝了，但现在也还是有消息不断传出，说是看到了它们的身影或听到了它们的嚎叫。

动物园的夜晚，动物们都在干什么呢?

在动物园里，夜行性动物和昼行性动物会展现出不同的样子。

那么，夜晚的动物园，会变成什么样呢?

夜行性动物，在白天只能看到它们的睡相

动物园基本都是白天开园，动物们在展示区内各过各的生活。但是，大家有经历过想看的动物都一直在睡觉的情况吗? 没错，大有人气的狮子、老虎都是夜行性的。对它们来说，白天就是休息的时间。

到了傍晚，它们才恢复元气，但很遗憾，那时已经是动物园闭园的时间了。很多动物好不容易才有了精神，却又被遣回宿舍了。在它们中，不想回到那狭小房间里的动物真的很多呀。

白天元气满满的动物们，到了晚上就在宿舍里呼呼大睡

回到宿舍的狮子们，基本就在房间里来回踱步，或是进食来度过夜晚，果然这个时间段是狮子最有精神的时候。

另外，对昼行性的长颈鹿、大象、斑马等动物们来说，夜里就是休息的时间了。晚上它们都在宿舍里睡觉。耐寒的动物们如果天气合适的话，就直接在室外的园区里休息。白天热闹非凡的猴山上的猴子和鸟儿们在夜晚也变得安静了。

最近，一些地方增加了"夜间动物园"的参观活动。说不定在夜晚能看到白天看不到的动物们的其他姿态呢!

精神还大着呢!

第3章

动物们
安静的夜晚

在夜晚熟睡的动物们，
也有各种不可思议的地方呢，
我们一起悄悄去看看吧。

红毛猩猩每晚都睡在新搭的床上

搭床可是我的拿手好戏！

　　红毛猩猩每天晚上都用收集来的树叶搭建休息的床铺。虽然大猩猩和黑猩猩也会搭床，但它们是把床建在地面上。在树上荡来荡去的红毛猩猩的床当然是搭在树上的。

　　红毛猩猩在小时候就跟着妈妈学习如何建造坚固且不会从树上掉下来的床。它们要花费大约7~8年的时间来熟练掌握制作方法，以此来开始独立生活。在那之前它们晚上要一直和妈妈在同一张床上睡觉。掌握了搭床的方法之后，它们就会在自己搭的小床上睡觉。

　　红毛猩猩把一个地方的果实吃完后，就会移动到另外一个地方，一天最多时可以移动500米。因此，它们每晚都睡在不同的地方。所以，虽然很可惜，但它们精心搭建的床也只能是一次性的。

小档案

【学名】婆罗洲猩猩

【分类】哺乳类

【大小】体长雄性100~150厘米、雌性80~120厘米

【栖息地】婆罗洲岛

【活动时间】白天

　　尽管猴子多为群居，但红毛猩猩并不组成群体，它们独立之后基本上都是独自生活。它们几乎一生都在高20~30米的大树上生活，所以很少受到敌人袭击。

非夜行性的穴鸮
是猫头鹰界的异类

白天忙忙碌碌，晚上呼呼大睡。

猫头鹰家族的成员基本都是夜行性的，但是穴鸮却不一样，它们白天出来活动，晚上在巢穴里睡觉。

它们名字里有"穴"这个字，大家一定认为是它们自己挖巢穴的吧，可事实却不是这样。**它们会把草原犬鼠和其他动物不用的空穴再利用起来。**为了便于自己居住，穴鸮会用喙再挖一挖，把旧巢穴做一些改造。

穴鸮有着苗条修长的双脚，它们这样的外观，和在白天活动这一习性，在猫头鹰界中的确是另类的存在。

小档案

【学名】穴鸮
【分类】鸟类
【大小】体长23～28厘米
【栖息地】南北美洲
【活动时间】白天

穴鸮当然会飞，但它在地面上用那双长腿追蝼蛄的身姿更令人印象深刻。它会在巢穴附近把蛇等动物的粪便聚集起来，再捕食被吸引过来的昆虫，真是个小机灵鬼呢。

虾夷小鼯鼠挤在一起睡觉

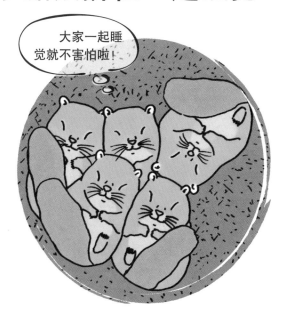

生活在北海道严寒冬日里的虾夷小鼯鼠，它们在寒冷的时期也不冬眠。为了吃树汁和树芽，它们每天从洞穴里出来觅食一次，除此之外的时间就一直在洞穴里长时间地睡觉。它们在冬天和在其他季节里的生活方式有些不一样。

在一年之中最寒冷的几天里，**虾夷小鼯鼠会一边想着"有没有同伴在啊"，**一边探寻别的洞穴，然后就不知不觉地和大家都聚集在一个洞穴里了！有时能挤10只左右，像玩互相推挤的游戏一样，**挤得满满当当地睡觉。**它们为的是靠相互取暖来熬过这寒冬！

小档案

【学名】虾夷小鼯鼠

【分类】哺乳类

【大小】体长约15厘米

【栖息地】亚洲北海道

【活动时间】夜间

虾夷小鼯鼠的窝是在树上的洞穴里，但并不是它们自己开凿的树洞，它们大多利用啄木鸟不用了的旧巢来住，有时候也会占用山斑鸠或乌鸦的旧巢。

猎豹在晚上睡觉，是因为它跑得太快了

3 动物们安静的夜晚

56

猎豹属于猫科动物。**猫科动物中，有很多都是白天睡觉晚上出来活动的，但是猎豹却正相反。**那么猎豹为什么晚上睡觉白天活动呢，就是因为它们跑得太快了。

猎豹一跑起来，仅用3秒，速度就可以达到100千米/时。它们跑得非常快，在黑夜中用这种速度在热带草原上奔跑，是非常危险的。**因为在热带草原的地面上有很多洞穴，到处都是坑坑洼洼、凹凸不平的。在这样的环境中高速奔跑的话，可能会摔倒受重伤。**野生动物受伤而变得虚弱时很可能会被天敌攻击，猎豹为了避免这样的危险，就选择晚上睡觉。

所以，猎豹形成了在明亮的白天能看清周围环境的时间段里行动，到了昏暗的夜晚就休息的习性。

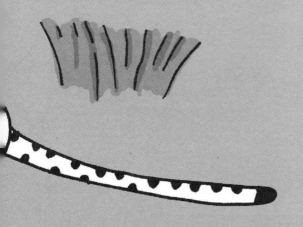

小档案

【学名】猎豹

【分类】哺乳类

【大小】体长100~150厘米

【栖息地】非洲

【活动时间】白天

💡 猎豹的指甲在奔跑的时候起防滑作用。同为猫科动物的猫和狮子等，会在用不着的时候把指甲收起来，但猎豹的指甲却是一直露在外面的。

想睡多久
就睡多久。

大象就算
孩子睡懒觉
也不会叫醒它

成年的大象可以直接站着睡觉。它们站着的睡姿也是各种各样的，用四条腿站累了的话，**就轮换着抬起一条腿，或用它们长长的牙来支撑着头部睡觉……**

在站着睡觉的大象妈妈旁边，**小象会横躺着睡觉。**像人类在婴儿时期经常睡觉一样，小象也常常睡觉。象群要移动的时候，如果发现有小象在睡觉，它们就会耐心地等待小象醒来。有时候也会有等了很

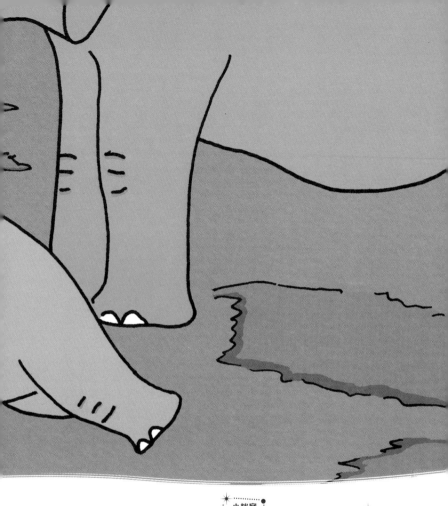

长时间，结果发现小象其实已经死掉的情况！大象的耐心也太强了！！

可能大家都很想成为大象吧，毕竟睡过头就会被训斥的，大概也只有人类了吧。

✦ 小档案 ✦

【学名】非洲象

【分类】哺乳类

【大小】身高3~4米

【栖息地】非洲

【活动时间】白天

象群中记忆力最超群的一头象会被选作头领。牢牢记住对生存来说十分重要的有食物和水的地方，是作为头领的第一要务。

抹香鲸直立着睡觉，会撞到船只

　　用肺呼吸的鲸鱼不会因为困了就上岸，它们会在海里睡觉。抹香鲸当然也在海里睡觉，但有趣的是它们的睡姿和游泳时横着的姿态不一样，它们在睡觉时会把身体竖起来。

　　抹香鲸是群体生活的动物，因此，睡觉的时候它们也和同伴们聚集在一起，好几头抹香鲸一起在接近水面处直立着睡觉。这样，它们可以时不时地游到水面上呼吸空气，然后再回到之前的位置直立着睡觉。

　　也许是因为近来船只的发动机声音变小了，熟睡中的抹香鲸群听不到，结果抹香鲸与船只相撞的事情时有发生，人类和抹香鲸都因此吓了一跳呢！

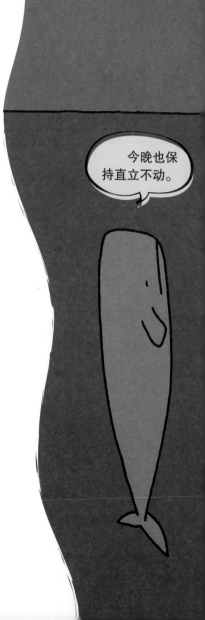

今晚也保持直立不动。

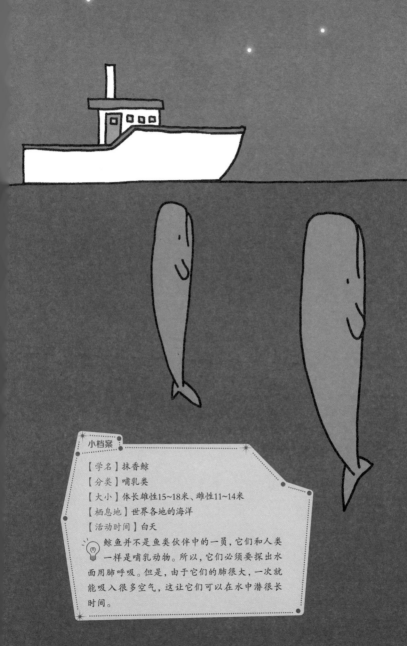

小档案

【学名】抹香鲸

【分类】哺乳类

【大小】体长雄性15~18米、雌性11~14米

【栖息地】世界各地的海洋

【活动时间】白天

鲸鱼并不是鱼类伙伴中的一员，它们和人类一样是哺乳动物。所以，它们必须要探出水面用肺呼吸。但是，由于它们的肺很大，一次就能吸入很多空气，这让它们可以在水中潜很长时间。

金鱼有没有睡觉可以通过它在鱼缸里的位置来判断

虽然睁着眼睛，但其实我正睡着呢！

金鱼的眼睛没有眼皮。因此，它们不能像人类一样闭着眼睛睡觉。这样是不是很难判断金鱼到底是睡着还是醒着呢？但没关系，就算金鱼睁着眼睛，我们也能知道它们有没有在睡觉。

提示就是，金鱼在鱼缸里的位置。如果它们安安静静地沉在水底，那么它们就是在睡觉。

金鱼在白天有光亮的时候活动，天色变暗的话它们就休息了。家里饲养金鱼的时候如果晚上一直开着灯，金鱼也会很难入眠。所以到了晚上，就为它们关上灯吧。

▶ 小档案 ◀

【学名】金鱼

【分类】鱼类

【大小】全长10~50厘米

【栖息地】亚洲、欧洲、北美洲

【活动时间】白天

💡 金鱼不仅没有眼皮，也没有听觉器官。所以在它们睡着的时候，不会被声音吵醒。金鱼不会直接感知声音，而是通过水的波动来感知声音的迹象。

睡得最舒坦的猴子，就是动物园里的猴王了

好想自在地睡觉呀！

　　猴子是族群在一起生活的，到了晚上就在各自喜欢的地方睡觉，有的在树上，有的在地上，各种各样。并且在睡觉的时候，几乎所有的猴子都**蹲坐着蜷得圆圆地睡觉**，小猴子则抱着妈妈呼呼睡去。

　　有像人类一样可以放心安稳地横躺着睡觉的猴子吗？那就是在安全的动物园里放下警戒心的猴子了，其实也就只有猴王，在享受手下的猴子给它梳理毛发的时候，才可以这样舒坦地躺着睡觉。

　　因为野生的猴子随时会遭遇天敌的袭击，所以它们睡觉的时候也保持着随时能逃走的状态，晚上也不能安心休息。

小档案

　【学名】猕猴
　【分类】哺乳类
　【大小】体长50~70厘米
　【栖息地】亚洲
　【活动时间】白天

　　在有降雪的寒冷地域生活的猕猴在寒冷的时候会和孩子或关系好的同伴挤在一起相互取暖。那景象就像糯米团子一样，因此它们也被称作"猿团子"。

站着睡觉的动物们

大家在动物园或者牧场看到过站着睡觉的动物吗？其实说不定它们也想舒服地躺着睡觉，但它们有不得不继续那样站着的理由。

绵羊

也会弯曲着腿卧着睡觉

虽然绵羊基本上站着睡觉，但短时间的话也会把腿蜷起来侧卧着休息。这个姿势也能在其他反刍动物身上看到。

【大小】身高40~85厘米

【栖息地】在世界各地被家畜化

【活动时间】白天

山羊

偶尔也想卧着睡觉

山羊如果卧下睡的话，胃里会囤积气体。但是，如果只是侧躺着或者卧下一小会儿的话是没事的。它们会在感到不舒服之前站起来。

【大小】身高40~85厘米

【栖息地】在世界各地被家畜化

【活动时间】白天

横躺着睡觉的话，被分成四个部分的胃袋就会积攒气体

在草食动物中，有胃被分成四个部分的"反刍动物"。为了消化作为主食的草，这样分好几个胃袋是非常必要的。在它们的胃里，住着分解植物并帮助消化的细菌。

反刍动物大多都站着睡觉，那是因为横躺着睡觉的话，细菌分解植物时产生的气体会积攒在胃里，动物会觉得很难受。如果它们因为受伤而一直躺着的话，有时甚至会因此而丧命。反刍动物每天的睡眠时间很短，每一次的睡眠时间也很短，真是很辛苦呢！

能躺着睡觉可是很奢侈的！

牛

体形大
也更容易积攒气体

　　牛在反刍动物中算是体型大的家伙，它躺下的时候积攒的气体量也相当多！因此，牛在睡觉的时候基本都是站着的。它要是站累了的话，就轮流弯曲一条腿休息。

【大小】身高140~150厘米
【栖息地】在世界各地被家畜化
【活动时间】白天

马

只有一个胃，但有很长的肠道

　　同样是草食动物，马却不是反刍动物，它只有一个胃。但是，它仍然是站着睡觉。说到原因，那是因为马的肠道很长，在它又大又长的盲肠里有细菌在分解植物。因此，如果长时间横躺的话，肠道会积攒气体，马儿会很难受。

【大小】身高160~170厘米（赛马的纯种马）
【栖息地】在世界各地被家畜化
【活动时间】白天

长臂猿和配偶无论是睡着还是醒着一直都关系和睦

老样子就行。

　　尽管在猴类中，一只雄猴往往有好几只雌性配偶，但长臂猿却不一样。雌雄长臂猿成为一对配偶后，它们的关系会非常和睦。

　　它们不仅会搭档着一起守护自己的领地，转移阵地的时候也是一起，而且到了晚上，它们就互相依偎着睡觉。有了小宝宝的话，长臂猿妈妈就抱着小宝宝睡觉。

　　在长臂猿科大家庭中的合趾猿早上醒来后，会扯开嗓子大声歌唱。这时候它们是和配偶一起愉快地进行二重唱，有时它们唱歌会一直持续30多分钟。如果一大清早听到那么久的啼叫声，一定会觉得

明天唱个
什么歌好呢?

"好吵!"吧,但是,它们其
实是在通过唱歌来宣示自己的
领地。

如果是孤零零的一只的
话,合趾猿是不会唱歌的,配
偶不在的话就不唱歌,它们的
关系到底是有多好啊!

小档案

【学名】合趾猿

【分类】哺乳类

【大小】体长75~90厘米

【栖息地】马来半岛、苏门答腊岛

【活动时间】白天

不只是合趾猿,长臂猿科的所有
种类都会发出独特的叫声。那声
音听起来简直就像在唱歌一样。雄
性和雌性长臂猿的音高和唱歌的时
间段还不一样。

67

火烈鸟睡觉时
两条腿轮换着休息

一直站着
也会累的呀！

火烈鸟有着修长的双腿。人们经常能看到它们抬起一条腿，单用另外一条腿站着的身影。不仅仅是醒着的时候，它们在睡觉的时候也是这个姿势。火烈鸟**只凭单脚也能稳稳地站着睡觉**，多么完美的平衡感！

即使是这样的火烈鸟，长时间站着脚也会感到累。仔细观察的话，它们其实**会让左右脚轮流休息**。而且，它们把头转到背后，藏在羽毛里的时候，旁人会以为它们在睡觉，其实有时候它们**会在羽毛下监视周围的环境**。假装睡觉的同时，火烈鸟在好好地保护着自己的安全呢。

小档案

【学名】美洲红鹳

【分类】鸟类

【大小】全长120~140厘米

【栖息地】加勒比海沿岸、科隆群岛

【活动时间】白天

仔细看火烈鸟站立的那条腿，腿中间有像膝盖一样弯折的部位，那对它们来说其实是"脚后跟"的部位。所以，火烈鸟是抬起脚后跟，仅凭脚尖来站立的。疲劳感倍增呀！

雄蝉睡迷糊了，
晚上会叫一声

蝉在白天时会乐此不疲地鸣叫，可到了晚上它们就会安安静静的。但是，大家晚上有偶尔听到过"知了——！"这样短短的一声鸣叫吗？那其实是**像人类的梦话一样，是蝉在睡迷糊的时候发出的叫声**。

只有雄蝉会叫。蝉的幼虫在土壤里度过了数年，变成成虫之后只有短短十天左右的寿命，在这期间雄蝉会用叫声来吸引雌蝉，因此，**睡迷糊时发出叫声的是雄蝉**。

近年，在夜晚依然明亮的地方变多了，再加上气温上升，蝉越来越难区分出夜晚与白天。因此，以后在晚上迷迷糊糊"说梦话"的蝉说不定会越来越多呢。

小档案

【学名】青襟油蝉

【分类】昆虫类

【大小】全长约5厘米

【栖息地】东南亚

【活动时间】白天

不同种类的蝉，幼虫时期在土里度过的时间也不一样，短的有3年，长的甚至可以达到17年。幼虫时期的蝉在土里时而睡着时而醒着，在反反复复中度过了漫长的时间。

野鸟睡觉的时候挤在一起
并不是因为关系好

啾啾——

在街道上常见的麻雀和椋鸟等野鸟，到了傍晚，是不是看到过它们成排地停在一棵树上呢？可能会有人想，"它们关系真好啊"，但是真相却不是那么美好。

聚在一起喳喳叫的声音，并不是亲密朋友之间的聊天，其实它们在说，"你去那边更好！""你稍微往旁边挪挪！""别推啦！"等等，它们一边推搡着一边争夺睡觉的地盘。

野鸟们在白天各自活动，去寻找食物。然后，到了睡觉的时候为了保护自己，它们会尽量选择在安全的地方睡觉。由于枝繁

叶茂的树木又暗又安全，是大家容易聚集的休息区，而在大城市中这样的地方很有限。因此，在寻找安全的休息地时，大家就很自然地集中在一起了。

小档案

【学名】麻雀

【分类】鸟类

【大小】全长约15厘米

【栖息地】欧亚大陆（寒冷地带除外）

【活动时间】白天

野鸟每天睡觉的地方并不是固定的。它们有好多可以睡觉的地方，日落的时候，它们会在距白天觅食最近的地方睡觉。因此，聚在一起的成员每天都不一样。

天鹅的身体有睡觉时也不会下沉的功能

我的羽毛是做过防水处理的哟。

　　天鹅是到了冬天就飞往温暖地区的候鸟。只要是安全的离水边近的陆地上，哪里都可以是它们的休息场所。但为了不被狐狸和狸猫等天敌袭击，天鹅大多在水面上休息。

　　在水面上漂浮着睡觉，不会沉下去吗？不用担心，天鹅用屁股后面的"尾腺"分泌出的油脂涂满羽毛，这使它们即使是睡着也不会沉到水下去。油遇到水的话，不会与水相融并且会浮在水面上，同样的道理，涂了油脂的天鹅身体也不会沾水和下沉。

　　要是人类也能这样，那么在游泳比赛中一定也能轻松取胜啦！

· 小档案

【学名】大天鹅

【分类】鸟类

【大小】全长约140厘米

【栖息地】欧洲北部、亚洲北部等

　　　　　　（冬天也在亚洲南部等地）

【活动时间】白天

　　天鹅游泳的时候，双脚不会在水中吧嗒吧嗒地快速摆动。因为它们脚掌上有蹼，所以它们不用很费力就能在水里顺畅地前进。天鹅不只是外表，连游泳方式都这么优雅呢。

狒狒习惯早睡早起

一头雄性的狒狒，与好几头雌性狒狒，还有它们的孩子，组成了最小的狒狒群体。白天时这样的两三个群体聚在一起生活，到了晚上就聚集得更多了，然后大家在悬崖处零零散散地休息睡觉。

狒狒夜晚聚在一起，是为了保护自己不受到狮子和豹子等敌人的威胁；在悬崖睡觉，也是因为那里视野宽阔，有捕猎者接近的话可以马上逃走。

在这样谨慎的安全措施下，狒狒就能在晚上安心睡觉了，然后在日出的时候醒来。虽然在猴子中也有夜行性的种类，但狒狒却过着早睡早起的健康生活。

▸ **小档案** ◂

【学名】阿拉伯狒狒

【分类】哺乳类

【大小】体长雄性60~80厘米、雌性40~60厘米

【栖息地】非洲北部、阿拉伯半岛

【活动时间】白天

阿拉伯狒狒打哈欠不一定是感到困了。有时候它们像打哈欠一样张着大嘴，是在威胁对方"不要再靠近了"。

睡眠质量最好的动物是？

按照动物们睡觉时间的长短做个排名，睡眠质量最好的动物和睡眠质量最差的动物，居然相差了这么多！真是太意外啦！

能沉沉入睡的动物就是幸福的吗？!

动物们的睡眠时间，是根据动物的种类和生活环境而变化的。容易被天敌盯上的野生草食动物的睡眠时间就短一些，长颈鹿在一天之中只能进行几次20分钟左右的短睡眠。与之相比，有没有觉得树袋熊可以睡那么久真好啊！但是树袋熊有着不得不睡这么长时间的理由（本书第84页）。这样看来，也许能在软软的被窝里踏实睡觉的人类其实是最幸福的！

几乎没有醒着的时候！

睡得饱饱的。

一天中有一半时间都睡着。

一般般吧。

和人类睡的时间差不多。

还想多睡一会儿?!

今天也睡不好……

睡眠时间排行

（越往上越久）

树懒　　　　树袋熊

鹦鹉　　夜猴　　犰狳　　负鼠　　蝙蝠

蟾蜍

熊猫　　仓鼠　　　　狮子

大猩猩　　比格犬　　　猫　　　　狼

懒猴　　　　　　鼹鼠　　　刺猬　　　河狸

企鹅

人类　　海豹　　海豚　　猪　　兔子　　红毛猩猩

牛　　　　　绵羊　　　　　游隼　　　　貘

非洲象　　　　　　马　　　凯门鳄

虎鲸

长颈鹿

小时

20

15

10

5

0

人类克服睡意努力生活

工作学习到深夜，或者熬夜看电视、电脑，不管是大人还是小朋友都一直忙到晚上。像这样困了却还不睡觉的动物只有人类，别的动物只要困了就会睡觉，强撑着不睡之类的行为它们想都不会想吧。

熬夜的只有人类

有没有早上起床觉得还想再多睡一会儿的时候？像这样很困但又得努力起床的只有人类哦！

长时间不睡觉的话，释放困意的物质就会在大脑中堆积。不同的动物，堆积的速度和分量也各不相同。当然也有很快就犯困的动物。尽管人类一天中差不多睡8小时、醒16小时的作息常被认为是好的，但在上一页中，像树袋熊和树懒一样睡20小时、醒4小时的动物，也并不少见。

据说只有人类才能与睡眠物质抗争并忍受困意，而实际上，也真的有人会尽力和睡意做斗争。但是，睡眠不足对于动物来说是会产生相当大的精神压力的，甚至给大脑和身体也会造成很大的负担，所以大家每天要好好睡觉哦！

第4章

动物们
辛苦的夜晚

动物们已经很努力了，
却还是觉得哪里有点奇怪。
就算是在夜里，它们也过得很不容易呀。

吸血蝠吸血后不排尿
就飞不起来

　　吸血蝠最爱的食物，就是牛、马等哺乳动物的血液！

　　吸血蝠一边飞一边寻找猎物，但是它们接近猎物的方式却有点奇怪。它们在**距猎物稍远的地方降落，然后贴着地面爬或跳着偷偷接近猎物**。看上去好像很笨拙，但它们能不声不响地接近猎物，所以**几乎不会被察觉到**，它们简直就像混进黑夜里的忍者一样！

　　实际上吸血蝠并不能在体内储存养分，**两天不吸血的话它们就会饿死**。尽管吸血听起来很吓人，但它们也是在尽自己最大的努力活着。顺便提一下，吸血蝠在**吸血之后身体会变得很重而飞不起来**，所以用餐完毕后它们也是贴在地面爬着逃走的。

小档案

【学名】吸血蝠

【分类】哺乳类

【大小】体长7~9厘米

【栖息地】美洲中部、南美洲

【活动时间】夜间

吸血蝠是个贪吃鬼，一次能吸食将近占自己体重40%的血液。因此，它们小便时的量也很多。如果不能很好地排尿的话，它们的身体会很重以至于飞不起来。这是蝙蝠族群共有的烦恼。

斑鬣狗的猎物常常被抢走

没有这么干的吧，狮子大王……

　　一说到鬣狗，人们就会联想到它们常在狮子或豹子吃剩的猎物中捡食物残渣的形象，是不是给人一种狡诈贪吃的印象呢？然而，我们这里所说的斑鬣狗，却不一样，它们有着超过60千米/时的奔跑速度和超群体力，其实它们**比狮子更擅长捕猎**！到了晚上，它们就发挥速度和体力上的优势来努力捕猎，所以斑鬣狗没必要去吃别的动物吃剩的食物。

　　不过，斑鬣狗好不容易捕来的**猎物被狮子抢走**的事情却是经常发生。所以真正狡猾的并不是斑鬣狗，而是作为百兽之王的狮子呢！但是因为打不过狮子，**斑鬣狗只能乖乖退下**……

小档案

【学名】斑鬣狗

【分类】哺乳类

【大小】体长95~170厘米

【栖息地】非洲

【活动时间】夜间

　　斑鬣狗的下颌和牙齿非常坚固，特别是它们的咬合力，是哺乳动物中最强的。像水牛那样大体形的猎物，它们也能咬碎。抓不到猎物的时候，它们就会吃散落在巢穴周围的骨头。

蜂鸟仅仅睡觉
体重都会减轻 10%

不论何时体重都在减轻

ZZZ...

　　蜂鸟高速挥动翅膀，在空中保持静止（悬停）状态吸食花蜜。为了维持高速悬停的状态，蜂鸟的身体可以把从花蜜中获得的营养迅速转化成能量。

　　但是，这样的体质也会给蜂鸟带来困扰。晚上睡觉的时候，蜂鸟的身体也在不断消耗能量，**仅仅是睡觉，它们的体重都会减少10%**！

　　虽然对正在减肥的人来说这是件很值得羡慕的事，但对于体形娇小的蜂鸟来说却是关乎生死的问题。所以它们早上一醒来就要赶紧去找寻花蜜，每天都过着非常忙碌的生活。

小档案

【学名】吸蜜蜂鸟

【分类】鸟类

【大小】体重1.5~2克

【栖息地】北美洲西南部至南美洲北部

【活动时间】白天

　　飞着不是为了移动，靠扇动翅膀使自己保持在同一个位置是蜂鸟的拿手本领。为了使自己不被风吹走，它们会调整自己尾羽的角度和展开的弧度，来使自己保持悬停状态，继续吸食花蜜。

虽然我更
想躺着睡。

长颈鹿站着睡觉更安心

说到长颈鹿的特点，那一定是它又细又长的脖子和腿，但也因此，**它弯曲或伸展脖子和腿的时候就特别费时间。**如果，在长颈鹿放松卧下的时候，受到狮子或豹子的袭击怎么办呢？想必会不堪一击吧。

因此，长颈鹿在睡觉的时候也基本都是站着的。而且，它们每一次的睡眠时间只有10多分钟，一天内休息的时间加起来居然才只有短短的一两个小时！**在危机四伏的热带草原，是不允许它们进行长时间的深度睡眠的。**

但是，像在动物园这样没有天敌存在的场合，也有长颈鹿会放心地卧下睡觉。

小档案

【学名】长颈鹿
【分类】哺乳类
【大小】体长4.5~6米
【栖息地】非洲南部
【活动时间】白天

长颈鹿在喝水的时候也是以站着的姿势，岔开前腿伏下头喝水。但由于这个姿势在被天敌袭击时难以逃脱，因此，野生的长颈鹿都尽量从树叶中摄取水分。

应该跑了
挺远了吧……

仓鼠在转轮上会有旅行的感觉

你有没有注意过仓鼠在晚上玩转轮车的样子呢？也许你会发出"转轮车真有那么好玩吗？"的感叹吧。但其实仓鼠这样的行为，并不是在开心地玩耍。

野生的仓鼠有着为寻找食物而迁移的习性。它们一晚上甚至可以移动好几公里。对比人类来说，等于跑了一个全程马拉松还多！

因此，被人类饲养的仓鼠也一到晚上就试图去远处寻找食物。这就和它们跑转轮车的行为有了联系，也许它们正打算穿越荒野呢！

◆ 小档案 ◆

【学名】金仓鼠
【分类】哺乳类
【大小】体重约130克
【栖息地】亚洲中部等地的干燥地带
【活动时间】夜间

💡 仓鼠的面颊里有囊袋，在嘴的左右两边各有一个。仓鼠有把种子和草等积攒在颊囊里带回巢穴的习性。要是把颊囊最大限度地装满，它们的脸颊会膨胀2～3倍大。

树袋熊不整天睡觉的话，毒素就会在身体里堆积

为了能有健康的身体，不能不睡……

　　澳大利亚的代表性动物——树袋熊，它们在动物园非常有人气。但是由于它们一直睡觉，应该很少有人见过它们活动时候的样子。

　　树袋熊一天的睡眠时间是18~20小时。从人类的角度来看，一天中大部分的时间它们都用来睡觉了。虽然它们给人一种特别懒惰的印象，但这其中是有原因的。

　　桉树叶是树袋熊的主要食物，含有丰富的纤维素以及较强的毒素。但是，桉树叶的营养价值很低！树袋熊为了摄取足够的营养，一天要吃500~1 000克的桉树叶。由于桉树叶中的毒素会囤积在体内，它们

必须要分解这些毒素，分解毒素需要消耗能量，所以树袋熊就用睡眠来减少其他能量消耗。

　　树袋熊主要以其他动物都不吃的桉树叶为食，所以它们才能在澳大利亚的生存竞争中立于不败之地。虽说如此，但它们需要承受的辛苦还是挺多的……

85

夜晚的天
空好畅快啊！

夜鹰因为受欺负，
所以选择在夜晚飞翔

有一种被称作夜鹰的鸟。它的名字就是字面上的意思：在夜里飞翔
的鹰。它们是鸟类中罕见的夜行者。从它们的名字来看它们像是鹰的同
类，但其实，夜鹰和鹰一点关系也没有。

夜鹰以前也和别的鸟儿一样在白天的天空中飞翔，但是**夜鹰经常输
给以相同猎物为目标的天空王者——雕和鹰等，经常被它们欺负**，甚至
有时候夜鹰还会被乌鸦攻击。所以**夜鹰就转而在没有天敌活动的夜晚生
活了**。

现在的夜鹰，在不会被欺负的夜空中自由自在地飞翔，大口大口地
吃虫子，过着舒适的生活。

> **小档案**
>
> 【学名】夜鹰
> 【分类】鸟类
> 【大小】全长30厘米
> 【栖息地】亚洲
> 【活动时间】夜间
>
> 夜鹰并不搭建像样的巢，它们在地面上
> 生蛋并孵化。夜鹰羽毛的颜色是深褐
> 色、棕色和黑色相间的，和树干及枯叶的颜
> 色很像，所以夜鹰卧在地上孵蛋的时候也不
> 容易被天敌发现。

萤火虫会被骗去，然后被吃掉

　　萤火虫会在夏夜里闪着梦幻般的光，**这光其实是萤火虫求爱的信号**。停在叶子上一闪一闪的是萤火虫的雌虫，活泼地闪着光飞来飞去的是雄虫。萤火虫的种类不同，闪光的频率和亮度也不一样，所以它们可以以此为信号来找到同类的伴侣。

　　但是，在萤火虫中也有可怕的家伙存在。这些家伙会模仿别的种类的雌萤火虫的闪光来吸引那个种类的雄虫，**然后将吸引来的雄虫大口大口地吃掉**！由于雄性萤火虫必须在短时间内找到雌虫，所以会不由自主地被吸引过去。这是自然界中残酷的故事……

小档案

【学名】北美萤火虫

【分类】昆虫类

【大小】体长约1.5厘米

【栖息地】北美洲

【活动时间】夜间

在上文中出现的会吸引雄虫并吃掉它的就是北美萤火虫。据说这种萤火虫的雌虫可以模仿11种其他种类的雌性萤火虫发出的光。

鲨鱼睡觉的时候，
如果不继续游泳就会死掉

偶尔也想悠闲地漂在水里呀！

　　一提起大海就会想到悠然游着的鲨鱼。但其实鲨鱼并不是因为喜欢才一直游的，而是它们不游的话就会死掉。

　　人类游泳的时候，必须要把脸露出水面换气。而鱼类则从通过鳃部的水流中吸收氧气，所以不露出水面也可以。但是，鲨鱼很特别，它们的鳃部很不灵活，如果不保持游泳状态使水流持续通过鳃部的话，鲨鱼就会窒息。

　　睡觉的时候也是一样，鲨鱼一旦停止活动，身体就会下沉，所以鲨鱼从来没有陷入沉睡的时候。这样看来，鲨鱼也是挺辛苦的呢。

　　✦小档案✦

　　【学名】大白鲨
　　【分类】鱼类
　　【大小】全长4~5米
　　【栖息地】亚热带至亚寒带的海域
　　【活动时间】白天

💡 大白鲨的体温比海水的温度要高一些。即使在寒冷的季节它们的身体也不会变僵硬，还可以灵活地突袭猎物。

蝎子即使白天在发光，也没有人会注意到

其实我一直都在发光啦。

蝎子有一个不可思议的特点，它们在一定波长的紫外线的照射下会发光。所以，在被包含着紫外线的阳光和月光的照耀下蝎子都会发光，也就是说，**它们24小时一直在发光**。但遗憾的是，**由于白天的光线太强，蝎子在白天发着光也不会被注意到**，它们不过是白白亮着……

那么蝎子为什么要发光呢？目前还没有明确的答案。根据现在的研究来看，比较有说服力的一个说法是，因为蝎子的视力不好，所以它们**让身体发光来帮助自己寻找住处**。

【学名】帝王蝎

【分类】蛛形类

【大小】体长15~25厘米

【栖息地】非洲西部

【活动时间】夜间

蝎子的食量非常小！吃掉一只蟋蟀后，它们一个星期不再吃东西也完全没问题，有的种类的蝎子一年不吃东西也能生存。这样的体质是为了让它们在过于严酷的环境中能存活下来。

夜猴在满月的夜晚拼命寻找新娘子

　　在南美洲，有一种叫作夜猴的完全夜行性的猴子。其实夜猴有着难以启齿的过去……它们因为争不过别的猴子，为了生存而不得不选择夜晚的世界。

　　当然，夜猴求偶也是在夜间。在满月的晚上，**雄性夜猴为了吸引雌猴，大声啼叫以显示自己的存在。**一只雄性夜猴并不会拥有多位配偶，它们实行一公一母制。这种关系会一直持续到死亡，所以为了**找到优秀的配偶，雄性夜猴会相当努力！**毕竟如果没有新娘子的话，就不会留下自己的子孙。

　　尽管在满月的夜晚为了求偶而啼叫听起来还挺浪漫的，**但对雄性夜猴来说，这可是严肃的大问题。**

　　值得一提的是，夜猴宝宝出生后的一两周主要是由夜猴爸爸来照顾。夜猴爸爸会一直把孩子背在身上，只有到该喂奶的时候才交给夜猴妈妈。真是令人惊叹的标准奶爸呢！

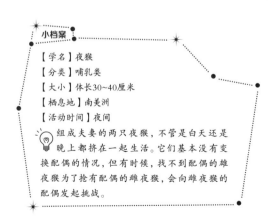

小档案

【学名】夜猴

【分类】哺乳类

【大小】体长30~40厘米

【栖息地】南美洲

【活动时间】夜间

组成夫妻的两只夜猴，不管是白天还是晚上都挤在一起生活。它们基本没有变换配偶的情况，但有时候，找不到配偶的雄夜猴为了抢有配偶的雌夜猴，会向雌夜猴的配偶发起挑战。

雪鸮在极昼时
寻找猎物很辛苦

太亮了，
看不清呀！

　　栖息在北极圈的雪鸮，每到夏天时捕猎就会变得很辛苦。那是因为，在那个时候北极圈内太阳不会落下，即使到了夜晚也会一直持续着明亮的"白夜"。

　　雪鸮是鸮形目的鸟类，它们的眼睛本就更适应在暗处看东西。然而，在夏天明亮的白夜期间却也不得不去觅食。雪鸮一定也对此事颇有抱怨吧。

　　因此，**雪鸮是鸮形目中罕见的在白昼也活动的种类**。毕竟北极的夏季，不论是白天还是晚上，一直都是亮着的。

小档案

【学名】雪鸮
【分类】鸟类
【大小】体长50~70厘米
【栖息地】北极地区
【活动时间】白天、夜间

　　雪鸮十分聪明，它们可以记住猎人设置陷阱的位置，从而夺走猎人捕获的猎物。捕捉北极鼠的时候，雪鸮也是玩头脑游戏的高手，它们会在北极鼠的洞穴上跳来跳去弄出声音，然后一举捕获因受到惊吓而探出头来的家伙。

獴晚上要睡觉，
就不能驱赶波布蛇

晚安啦!

獴是人们为了驱除波布蛇而被带来并放生到亚洲冲绳田野里的外来物种。但獴是在**白天活动的动物**，夜行性的波布蛇出门的时候，刚好是獴呼呼大睡的时间。也就是说，獴都已经被带到了冲绳，却**不能对驱除波布蛇起到一丁点儿作用**。这当然不能怪它们，这是没有好好做调研的人类犯的错。

现在，由于冲绳秧鸡和琉球兔等珍贵的物种受到野生獴的袭击，獴反而变成要被驱逐的对象了，这真是令人难过的故事呢。

小档案

【学名】红颊獴
【分类】哺乳类
【大小】体长20~45厘米
【栖息地】东南亚、印度等地
【活动时间】白天

红颊獴是杂食性动物，从哺乳动物、鸟类、爬行动物，到昆虫和植物果实，它们什么都吃。它们的贪吃会使其他动物濒临灭绝，因此它们是令许多国家都感到很头疼的品种。

河马在晚上走动时
把粪便作为路标

一说到河马，大家脑海中会浮现出什么样子呢？是不是很容易就想到它们在水中只浮出脸来的姿态呢？

河马一直待在水里是有原因的。那是因为**它们的皮肤非常脆弱**！河马的皮肤非常薄，长时间受阳光照射的话，就会被晒伤。皮肤稍微有些干燥的话，也会裂开……

糟了，要赶紧回家去！

有着这样皮肤的河马，在非洲的烈日下连饭都不能慢慢吃。因此，它们在自己领地的水里悠闲地度过白天的时间，到了**晚上才到陆地上来，去稍远一点的草地觅食**。然后在**太阳升起之前**，它们又慌慌忙忙地回到水里。河马每天都过着这样的生活。由于在破晓之前一定要回水里去，河马们可没有迷路的时间。所以它们会用尾巴把粪便拍散，撒在路上做标记。

95

貉在晚上
摇摇晃晃地走着找蚯蚓

蚯蚓在哪儿啊?

　　晚上经常能看到貉一边嗅着地面上的气味,一边摇摇晃晃地走来走去的身影。它们是在干什么呢? 原来是**在寻找夜晚探出头来的蚯蚓**呢。

　　貉是杂食性动物,从小动物到昆虫、植物的果实、植物的芽等,什么都吃。其实,与经常被一同提及的狐狸相比,**貉的狩猎本领差多了**! 即使它们想吃新鲜的肉,但由于抓不到猎物,也就不得不吃些别的东西了,其中之一就是蚯蚓。从大小来看,蚯蚓显然不能填饱貉的肚子,但对貉来说蚯蚓却是非常重要的蛋白质来源。

小档案

【学名】貉

【分类】哺乳类

【大小】体长50~80厘米

【栖息地】东亚、东欧

【活动时间】白天、夜间

　　貉给人毛茸茸、圆滚滚的印象,但其实这是貉为了度过寒冷时期而储备了脂肪的样子。它们冬天要比夏天增加将近50%的体重。雌性貉的体形比较大,是可以拖着雄性走的"女强人"呢。

鸵鸟只会守护
"第一夫人"的蛋

那颗蛋的话，就请自便吧。

　　一只雄性鸵鸟有3~5只配偶。鸵鸟在地面上挖坑，并把蛋下在里面，**最中间放着的是最强的"第一夫人"的蛋**。其他地位低的雌鸵鸟"夫人"的蛋则被放在外围。

　　到了夜晚，瞄上鸵鸟蛋的斑鬣狗就来了。虽然为蛋保温是雄性鸵鸟的任务，但**外侧的蛋即使被偷走，它们也不会叫嚷**。只要"第一夫人"的蛋被保护好就行！

　　虽然站在"第二夫人"及以下"夫人"的角度来看会非常难过，但这也是为了在残酷的环境中保留最强壮后代的自然法则。强壮的父母可以孕育强壮的后代。

小档案

　　【学名】鸵鸟

　　【分类】鸟类

　　【大小】身高雄性2.1~2.8米、雌性1.7~2米

　　【栖息地】非洲中部、南部

　　【活动时间】白天、夜间

鸵鸟睡觉时从身体到脖子都会紧贴着地面。它们通过地面的振动来察觉敌人的到来，以便迅速逃跑。它们像候鸟和海豚一样，即便是睡着的时候也还有一半的大脑醒着（本书第120页）。

雄海狗为了看守雌海狗而不能睡觉

　　雄海狗到了繁殖期就会聚集大群的雌海狗。越强大的雄海狗所聚集的雌海狗就越多，最多的时候，能达到60头之多！这是哺乳类中最大规模的聚集。

　　但是，在雌海狗中，也有可能因厌倦了对方，想要偷偷从集体中逃走的家伙。对于自己好不容易聚集起来的配偶们，即便是一头，雄海狗也不想放走。因此它晚上也不睡，**甚至缩减进食的时间来监视雌海狗们**！为了给自己留下很多的后代，雄海狗也是操碎了心啊。**繁殖期结束之后雄海狗会暴瘦**，这也是可以理解的，毕竟这段时间它每天的日程都很辛苦。

哪儿都得盯着！

另一边，没有能聚集到雌海狗的雄性们，在繁殖期就聚在一起生活。海岸上最好的地段被最强的雄性占领了，它们能去的就只有离海很远且不方便的地段了。这也挺不容易的。

▸ 小档案

【学名】北方海狗
【分类】哺乳类
【大小】体长1.2~2米
【栖息地】北太平洋、白令海、鄂霍次克海
【活动时间】白天、夜间

💡 海狗只有到繁殖期才会到陆地上来，其余时间就一直住在海里，基本上是单独一头或两头一起生活。它们大部分的时间都没有在游动，而是轻轻地漂在水中。

动物们在夜晚的排便情况

对动物们来说，大小便可是个大问题。因为如果在排便时掉以轻心，就容易被天敌盯上。现在就来为大家介绍动物们各种各样的如厕情况！

动物们不会为了上厕所而起床

人类在睡眠的间隙会因为想小便而醒来，野生动物可没有这样的烦恼。它们养成了只有在醒着的时间段里排泄的便利习惯。

树懒，拼上性命上厕所！

住在树上的树懒在1~3个星期里会专门为了大便而从树上下来1次。它们会一边警戒着天敌美洲豹，一边抓紧时间大便，然后匆匆忙忙地回到树上。至于小便的话就在树上解决，直接顺着树木流下来。

睡醒了马上小便！

大多数动物都是睡醒之后马上进行排泄的。昼行性动物在破晓时分排便，夜行性动物则在傍晚排便。它们都喜欢在微暗的时间段排便，这是为了不被敌人察觉。

父母会把孩子们的小便舔干净

还没有养成排泄习惯的小宝宝们会在睡觉的地方小便。这时候父母就会把小便舔干净。这是为了不让天敌察觉到小便的气味，要马上消灭气味！

牛一边站着睡觉一边排便

牛是反刍动物（本书第64页），肠胃一直在活动，小便和大便也会大量排出。由于睡觉的时候牛的肠胃也在活动，所以站着睡觉的时候，它们也会扑通扑通地排便。

把排泄物留在床铺上的家伙们

红毛猩猩和黑猩猩每晚会用树叶搭建新的床铺。它们醒来之后就在床上大小便，然后也不管，就那样放着。因为是一次性床铺，所以也无所谓！

第5章

动物们
令人吃惊的睡相

自然界中，
有些动物的睡相让人忍俊不禁，
这些行为都是有着深层原因的。

臭臭的真安心。

小档案

【学名】欧亚野猪

【分类】哺乳类

【大小】体长约150~190厘米

【栖息地】欧洲、亚洲等

【活动时间】白天

野猪的群体是由野猪妈妈和孩子们组成的。因此，一起并排睡觉的就是雌性野猪和孩子们。睡觉的时候，孩子们还会为了争抢最靠近妈妈的位置而发生骚乱。

野猪闻着同伴们的屁股入睡

野猪睡觉的时候和人类一样，都是横躺着身子睡。如果数量多的话，大家就排在一起睡。它们排列的方式非常有意思！野猪们会**头挨着屁股，一头接一头互相倒着睡**。

我们并不知道野猪为什么要以这种方式睡觉。如果它们的脸都朝着一边的话，可能会说着"喂，别挤啦！"而拌嘴吧。比起互相脸挨着脸睡，说不定挨着同伴的屁股睡会更让野猪感到安心呢。如果家里养了好几只宠物，例如猫什么的，也会发现它们互相头尾挨着睡觉呢。

虽然对人类来说，当然不希望脸挨着别人的屁股睡觉，但对于动物来说，这却是让它们感到安心的睡姿呢。

雨燕一边坠落
一边睡觉

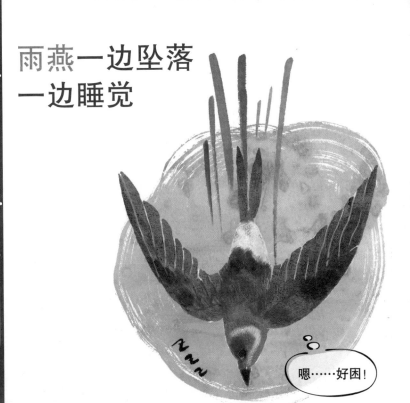

嗯……好困！

雨燕是长时间持续飞行的候鸟，它们会一边飞一边睡觉。睡着的时候，当然不会挥动翅膀，那么雨燕是怎么睡觉的呢？**它们会先飞上高空，仅在下落的数秒钟内睡觉。**

如果雨燕持续下落的话会撞到地面或者扎进海里导致溺水。因此，它们会在那之前醒来，再继续往高处飞。

根据调查，欧洲雨燕**可以持续飞行10个月**。这期间它们不能好好地放松睡觉，所以一边下落一边睡觉的技术它们可是练得炉火纯青呢。

小档案

【学名】欧洲雨燕

【分类】鸟类

【大小】全长约20厘米

【栖息地】欧亚、非洲

【活动时间】白天

雨燕的翅膀比腿长，所以在平坦的地方它们更习惯于靠飞行来移动。雨燕不擅长从地面起飞，它们会垂直地停在悬崖上，然后从悬崖边上落下，以此来起飞。

袋鼠的睡相
就像老爸一样

哈啊，今天
也累了一天啊！

　　袋鼠搞笑的姿态和它们健壮的体形并不相符。**袋鼠睡觉的时候是用一边的肩肘撑起上半身横卧着睡，还会时不时挠挠肚子。**这样的姿态就像人类家里的老爸一样，这让它们在动物园里极具人气。当然有时也能看到它们懒懒地趴在那里的样子。

　　顺便一提，袋鼠妈妈肚子上的袋子里居住的**袋鼠宝宝，在出生后的半年时间里，几乎一直在妈妈的袋子里睡着度过。**它一会儿吃奶，一会儿迷迷糊糊地犯困。另外，袋鼠宝宝的大小便也都是在妈妈的袋子中排泄。但袋鼠妈妈会用舌头把袋鼠宝宝的大小便清理干净，所以袋鼠宝宝是不会发臭的。

小档案

【学名】红大袋鼠
【分类】哺乳类
【大小】体长约120厘米
【栖息地】澳大利亚
【活动时间】夜间

袋鼠在慢慢移动的时候会用前脚辅助，它们在快速移动的时候就用不到前脚了。袋鼠的后腿和尾巴就像装了弹簧一样，让它们能跳着走。它们的速度可以达到50～60千米／时，堪比汽车平时行驶的速度。

儒艮如果 10 分钟
不醒来的话就会溺水而亡

　　儒艮无论是长相还是体形，都十分招人喜爱。胖胖的身体在水里缓缓游动，不管是谁看了都会被治愈。

　　它们睡觉的时候也是在海里。但是，儒艮和人类一样都是用肺部呼吸的生物，所以，它们不能像用鳃呼吸的鱼一样一直在水中待着。儒艮每10分钟左右就要浮到水面上换一次气，吸气呼气，然后再潜进水里。它们不这样做的话就会溺水而亡。

差不多要
去换气了！

5 ★ 动物们令人吃惊的睡相

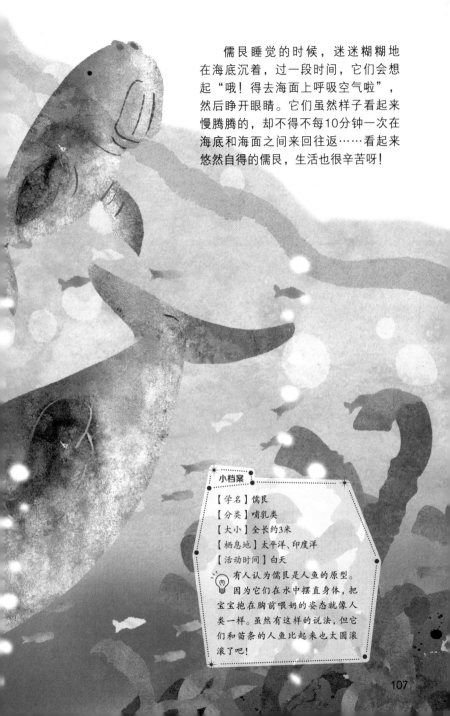

儒艮睡觉的时候，迷迷糊糊地在海底沉着，过一段时间，它们会想起"哦！得去海面上呼吸空气啦"，然后睁开眼睛。它们虽然样子看起来慢腾腾的，却不得不每10分钟一次在海底和海面之间来回往返……看起来悠然自得的儒艮，生活也很辛苦呀！

小档案

【学名】儒艮

【分类】哺乳类

【大小】全长约3米

【栖息地】太平洋、印度洋

【活动时间】白天

有人认为儒艮是人鱼的原型。因为它们在水中摆直身体，把宝宝抱在胸前喂奶的姿态就像人类一样。虽然有这样的说法，但它们和苗条的人鱼比起来也太圆滚滚了吧！

107

花栗鼠把自己的尾巴
当作毛毯

希望尾巴可
以持久耐用……

　　松鼠科的花栗鼠有着毛茸茸的尾巴，它们睡觉的时候，**就用尾巴围着自己的身体，或者抱着尾巴睡**。花栗鼠肯定是把自己的尾巴当作暖暖的毛毯或抱枕了吧。

　　不仅是睡觉的时候，花栗鼠**在树上的时候，尾巴也能帮它们起到保持平衡的作用**。

　　虽然它们的尾巴有各种各样的功能，**但被拉拽的话会轻易地脱落**。这是为了在遭遇天敌的时候牺牲尾巴来保住自己的性命。但是，令人难过的是，它们断掉的尾巴不能重新生长出来。

小档案

【学名】西伯利亚花栗鼠
【分类】哺乳类
【大小】体长12~17厘米
【栖息地】欧亚大陆北部
【活动时间】白天

　　尽管在松鼠科的大家庭里有的种类仅在树上生活，但花栗鼠的活动范围却很广。它们既可以在树上生活，也可以在地面上生活。因此，它们把巢筑在土里，或是搭建在空的树洞里。

多数的犰狳
并不能蜷成球睡觉

也有蜷不成
球的家伙……

　　犰狳的背部和头部，都覆盖着一层像铠甲一样硬硬的叫作"鳞甲板"的皮肤。它们的睡眠时间很长，**在地面掘洞筑成的巢穴里，它们一天能睡18个小时左右。**

　　犰狳给人留有能把身子蜷成球的印象，但其实能做到这样的仅限犰狳科中的特定品种。**只有鳞甲板上有着像三条腰带一样的巴西三带犰狳可以做到。由于腹部是犰狳的要害处，所以其他种类的犰狳都会把腹部贴着地面睡觉。如果感觉周围没有威胁的话，有时候它们也会肚皮朝上睡觉。**

小档案

【学名】巴西三带犰狳
【分类】哺乳类
【大小】体长40~50厘米
【栖息地】从巴西到阿根廷北部
【活动时间】夜间

犰狳的身体上覆盖着坚硬的鳞甲板，这是为了保护自己不受美洲豹和狼等的威胁而形成的皮肤变化。它们的鳞甲板竟然坚硬到能弹开普通手枪射出的子弹！

109

虽然都
灭绝了……

恐龙们各种
各样的睡相

体形庞大的、脖子长长的、
有翅膀的，恐龙的种类有很多。
当然它们也得睡觉，那么恐龙们
的睡相是什么样的呢？

腕龙

竟然靠着树睡着了

腕龙是有着长长脖子的草食性恐
龙。它们的前腿比后腿长，以高大树
木上的叶子为食。由于腕龙的脖子和
前腿都很长，它们和长颈鹿一样，坐
下后再站起来就很吃力！所以人们推
测它们是站着靠在树上睡觉的。

【分类】爬行类

【大小】全长约25米

【栖息地】北美洲、非洲

【活动时间】白天

腕龙的身体很大，但它的头部非
常小，是只有50厘米的小脸型。
它的鼻孔在头部上方的位置。据推
测腕龙和敌人争斗的时候不使用头
部，而是以长长的尾巴作为武器。

伶盗龙

大大的头部贴着地面睡觉

作为小型肉食性恐龙的伶盗龙，与身体相比，却有一个很大的脑袋。从被发现的化石中推测出它们曾是有羽毛的，和鸟类比较相近。所以说，它们伸着脖子贴着地面睡觉的姿势，说不定和鸵鸟的睡姿（本书第97页）很相近?!

【分类】爬行类

【大小】全长1.5~2米

【栖息地】俄罗斯、蒙古国、中国

【活动时间】夜间

根据化石，可以推测出伶盗龙有着能够适应黑暗的视觉，并推测它们是夜行性动物。因为伶盗龙的体形很小，会被在白天活动的大型恐龙袭击，所以它们可能因此而转到夜晚生活。

寐龙

化石呈现着睡眠的姿态

被发现的寐龙化石，呈现着像鸟一样在睡觉时把头埋在羽毛下的姿态。由此，人们推断寐龙可能是在睡着的时候吸入火山喷发时的有毒气体，在不知不觉中死掉的。

【分类】爬行类

【大小】全长53厘米（化石）

【栖息地】中国

【活动时间】白天

有着像鸟一样睡姿的寐龙化石，是推断鸟类是由恐龙进化而来的重要证据之一。寐龙也是因为这姿态而被命名，意为"睡着的龙"。

慢慢入睡吧。

树懒睡觉时
也是毫无干劲的样子

　　慢慢的动作，憨憨的样貌，树懒看起来就没有什么干劲。它们在树上悠闲地晃来晃去，度过一天的时间。**树懒睡觉的时候也是挂在树上睡的**。说起如何挂在树上，其实它们并不是用手握住树枝，而是**用钩子一样的指甲挂在树上**，因此用不到握力和体力。

　　但是，树懒行动缓慢是有原因的。它们要**尽量不消耗体力，这样就算吃很少的食物也能活下去**。明明在努力不浪费生命，却被人说"懒"，真是相当委屈的一生呢。

小档案

【学名】二趾树懒
【分类】哺乳类
【大小】体长60~70厘米
【栖息地】南美洲北部
【活动时间】夜间

　　前爪有两根指头的是二趾树懒（夜行性），有三根指头的是三趾树懒（昼行性）。由于二趾树懒在夜间活动，所以白天的时候它们就算醒着，行动也是懒懒的，这就是它们被称作"树懒"的由来。

有了吸盘就能放心休息啦。

圆鳍鱼用吸盘吸住岩石，固定住身体睡觉

圆鳍鱼圆圆滚滚的体形就像糯米团子一样。成年的圆鳍鱼也就只有人类的指尖那么大而已。

体形那么小，睡觉的时候它们不会被海潮冲走吗？没关系！它们可以用吸盘紧紧地吸住岩石。圆鳍鱼肚子上的鳍可以变成吸盘的样子，然后吸附在岩石或海草上来固定自己的身体。因此，它们不会一觉醒来发现自己不知道漂到哪儿了。圆鳍鱼宝宝有时候也会吸附在妈妈的背上。圆鳍鱼们叠在一起的样子十分可爱！

> **小档案**
>
> 【学名】圆鳍鱼
> 【分类】鱼类
> 【大小】全长约3厘米
> 【栖息地】亚洲
> 【活动时间】夜间
>
> 圆鳍鱼在幼年时期头部有一个白色的圆圈纹路，被称为"天使之环"。但是这个时期的圆鳍鱼大概只有3~5毫米，那纹路只有用放大镜才能看到。

因为是百兽之王，所以才可以随心所欲！

狮子的睡相和百兽之王的派头差远了

　　狮子被称作"百兽之王"。它们的睡姿想必也是威风凛凛的吧……不，并不是这样的。

　　狮子有时把肚皮露出来，仰面朝天地睡觉；有时它们在树上把腿垂下来，像全身乏力一样，呈现出非常懒散的睡相。

　　因为狮子生活在炎热的地方，比起蜷在一起，把身子舒展开来会更凉快，这也许是它们这样睡觉的原因之一。但是最大的原因是因为没有几个会来袭击狮子的家伙存在，它们睡觉的时候也就不用担心敌人的袭击。因此，狮子才能这么毫无戒备地懒洋洋地睡觉。

小档案

【学名】狮子
【分类】哺乳类
【大小】体长雄性170~250厘米、雌性160~180厘米
【栖息地】非洲、印度西北部
【活动时间】夜间

　鬃毛越长、越浓密、颜色越深的雄狮就越强壮。这似乎是母狮们选择配偶的标准。

最重要的部位当然是鼻子。

食蚁兽抱着最重要的部位睡觉

就如它们的名字一样，因为以蚂蚁和白蚁为食，所以就有了食蚁兽这个名字。食蚁兽的视力很弱，取而代之的是它们的嗅觉很灵敏，它们可以用嗅觉来找到蚂蚁的巢穴。**它们把长长的鼻子探进蚁穴，然后用舌头把蚂蚁们卷走。**食蚁兽有时一天竟然可以吃3万只蚂蚁。

正因为如此，**鼻子对食蚁兽来说是非常重要的部位。所以，白天在灌木丛里或树上睡觉的时候，就像想要保护它一样，食蚁兽都是抱着鼻子睡的。**

并且，出生后的一年之内，食蚁兽宝宝都是趴在妈妈的背上活动的。说不定也有着像人类一样在背上打盹儿睡着的时候呢。

小档案

【学名】小食蚁兽
【分类】哺乳类
【大小】体长34~88厘米
【栖息地】南美洲
【活动时间】夜间

小食蚁兽攻击敌人的时候，会用尾巴支撑身体，用后腿站起来，摆出挺直站立的姿势，以此来威慑敌人。它们像在对敌人说："还没完呢！"这样的姿势看着非常有趣，相关的网络视频也因此大受欢迎。

海獭和小伙伴们手拉着手睡觉

　　海獭总是肚皮朝天，以仰泳的姿势浮在水面上悠闲地漂浮着。它们把小宝宝抱在肚子上，或是用前爪灵巧地撬开贝壳的姿态，让它们在水族馆里也很有人气呢！

　　海獭很少到陆地上来，所以它们**睡觉的时候也是浮在水面上的**。野生的海獭为了避免睡觉的时候被水流冲走，它们会卷着一种叫梨形囊巨藻的长长的海藻睡觉。这样还有一个好处，就是海獭的天敌虎鲸难以在海藻茂密的地方游泳，所以不会靠近这里。

　　但是，**在没有海藻的水族馆里，海獭就拉着小伙伴的手睡觉**。它们这样的睡姿特别可爱。♥

小档案

【学名】海獭

【分类】哺乳类

【大小】体长100~150厘米

【栖息地】北美洲、阿拉斯加、堪察加半岛沿岸

【活动时间】白天

💡 海獭是个贪吃鬼，一天能吃掉相当于自己体重四分之一的食物。它们还有把吃剩的贝类等存放在肚皮的褶皱部位好好保存起来的习性。

脑袋不在这儿哟。

蛇在睡觉的时候
藏头不藏尾

蛇把长长的身体一圈圈地盘起来，形成盘踞的状态，**这对蛇来说是放松的姿势。它们在睡觉的时候，就在树洞或石头底下等地方盘踞着。**

因为蛇没有眼皮，所以睡觉的时候它们也睁着眼睛。蛇睡觉的时候会把头部盘在中央，这样的话就能够躲避刺眼的光线，让自己可以安心睡觉。

有些品种的蛇，它们的尾巴有着像眼睛一样的纹样。有的家伙以为那是蛇的头部就扑上去袭击，结果往往会被盘在正中央的真蛇头吓一跳！

小档案

【学名】亚洲锦蛇

【分类】爬行类

【大小】全长100~200厘米

【栖息地】亚洲各地

【活动时间】白天

蛇在一生中要进行很多次蜕皮，每次蜕皮的时候，它们眼睛的晶状体也会换成新的。仔细观察蛇蜕下来的皮，会发现眼睛的部分看起来像放大镜一样。

被包裹着很安心呢!

鹦嘴鱼穿着由黏膜制成的睡衣睡觉

不是完全黑暗的地方就睡不着,或者没有自己一直盖着的毯子就无法入睡等等,人们会想各种各样的办法来让自己入睡。鹦嘴鱼也有自己讲究的安眠方法。它们在睡觉的时候会用从鳃中分泌的透明黏液做一层薄膜,把自己全身包裹住。换句话说那就像是睡衣或睡袋一样的东西。

说到为什么鹦嘴鱼必须要这么做,那是因为它们睡在珊瑚礁之间,那里有很多以吸食它们的血液为生的寄生虫。有了黏液做成的薄膜把自己包裹住的话,就有了隐藏自己气味的效果,可以避免被寄生虫叮咬。

小档案

【学名】灰鹦嘴鱼
【分类】鱼类
【大小】全长约30厘米
【栖息地】印度洋到西太平洋
【活动时间】白天

鹦嘴鱼的一生中可以改变很多次性别。雄性鹦嘴鱼会聚集很多雌鱼来一起生活,当这条雄鱼死了之后,其中的一条雌鱼就会把性别变为雄性,来带领其他雌鱼。

军舰鸟可以一边飞翔一边陷入熟睡

哎呀，睡得好沉！

　　燕子等要进行长距离迁徙的候鸟们，飞翔的时候用"半球睡眠"这种使左右脑轮番休息的方式来睡觉。据说军舰鸟也是用单半球慢波睡眠法休息，但人们调查研究军舰鸟的脑电波后，发现它们也可以进行使整个大脑都进入睡眠状态的"全球睡眠"。它们乘着上升气流，在飞行中陷入完全睡眠状态，在快要坠落的时候醒过来。而且，军舰鸟在陆地上一天可以睡近12个小时，但它们飞行中一天的平均睡眠时间只有短短40分钟。

　　如果人类也能在睡觉的同时干其他事情的话，那该有多方便呀！

小档案

【学名】大军舰鸟

【分类】鸟类

【大小】身长约100厘米

【栖息地】欧亚大陆、科隆群岛等

【活动时间】白天

军舰鸟是海鸟，但它们的皮脂腺并不发达，羽毛也不具有防水性。因此，它们的身体被水浸湿的话就飞不起来了。而且，军舰鸟的脚特别小，很难行走。这真是只为了飞翔而生的身体呢。

只睁着一边的眼睛哟。

海豚睡觉的时候
轮流休息一半的大脑

　　海豚虽然生活在水中，但它们和人类一样是哺乳动物。同鲸鱼和儒艮一样，海豚不能在水中呼吸。

　　它们如果在水中完全陷入睡眠状态的话就会因溺水而窒息。所以，海豚像候鸟一样，睡觉的时候只让一半的大脑休息，为了能保持呼吸，它们另外的一半大脑为了判断呼吸的时机而醒着。这时候，它们一边的眼睛睁着，另一边闭着。**右脑在休息的时候就闭上左眼，左脑在休息的时候就闭上右眼。**这就是海豚为了能持续游泳而进化的神奇的身体机能。

【学名】宽吻海豚

【分类】哺乳类

【大小】全长2.3~3.8米

【栖息地】温带到热带的海洋

【活动时间】白天

为了使头部只露出水面一点点就能换气，海豚的鼻孔长在脑袋的上方。它们只有在水面换气的时候张开鼻孔，在水中的时候就闭上，非常方便。

121

这个帐篷合格了！

白蝙蝠会
搭好帐篷后再睡觉

一说到蝙蝠，大家应该首先想到的是黑黑的令人害怕的样子吧。但**白蝙蝠白白的又毛茸茸的，非常可爱。**

不仅仅是外表，它们睡觉的姿态也很可爱。它们**把赫蕉大大的叶子当作屋檐来度过白天的时间。**白蝙蝠会啃咬叶子中央的叶脉，让叶子的两侧像帐篷一样垂下来。在被卷起来的叶子里，有一只雄白蝙蝠和多只雌白蝙蝠挤在一起倒吊着睡觉。

制作帐篷是**雄白蝙蝠的任务。**为了吸引更多的雌性，雄性白蝙蝠搭建住处的本领也很重要呢！

小档案

【学名】白蝙蝠
【分类】哺乳类
【大小】全长3.5~4.5厘米
【栖息地】非洲中部
【活动时间】夜间

💡 不同种类的蝙蝠喜欢吃的食物也不一样。它们大致分为三种，有的吃虫子，有的吸动物的血，有的吃植物果实。白蝙蝠到了晚上会出来寻找植物果实来填饱肚子。

睡迷糊了
也没问题。

鸟睡着了
也不会从树上掉下来

　　鹦鹉、啄木鸟等鸟类基本上都是停在树上睡觉。宠物鸟也是，它们抓着放在笼子里的树枝睡觉。鸟类在睡觉的时候也不会从树上掉下来，大家不觉得不可思议吗？那是因为，大多数鸟类的爪子都进化成了不会滑落的构造。

　　鸟儿想要休息的时候就放松身体降下踝关节。然后连接着它们踝关节的像手指一样的叫作"腱"的部分就被拉伸，爪子自然就收紧了。这样的话，即使不使劲，爪子也能变成可以牢牢抓住树枝的形状。所以，它们即使睡得迷迷糊糊的，也不会从树上掉下来。

小档案

【学名】虎皮鹦鹉
【分类】鸟类
【大小】体长20厘米
【栖息地】澳大利亚
【活动时间】白天

　　不同的鸟类吃的食物不一样，它们喙的形状也不一样。鹦鹉有着能打开坚果壳的坚硬的喙，雕等肉食猛禽的喙像钩子一样锋利。而以树木中的昆虫为食的啄木鸟，则以它长长的喙而出名。

用屁股击退你！

　　野生的袋熊在草原和森林里挖洞穴生活。虽然它们睡觉也是在洞穴里，但是有时睡姿却有些奇怪。**袋熊把头扎在洞穴里，屁股露在外面，蜷着身子睡觉。**这真是"藏头露尾"的状态。

　　但其实这是它们为了应对天敌袋獾的姿势。这不仅仅是为了保护自己，也是为了保护在洞穴中的孩子们。

　　大家一定会想，那袋熊的屁股不会被袭击吗？实际上，**袋熊屁股上的皮肤非常坚硬厚实，就算被咬了也不会受伤。**对付难缠的敌人时，袋熊就抬起屁股给它们猛然一击，这是袋熊强大的武器。

袋熊从洞穴中
探出屁股睡觉

小档案

【学名】袋熊

【分类】哺乳类

【大小】体长90~115厘米

【栖息地】澳大利亚、塔斯马尼亚岛

【活动时间】夜间

　　袋熊的粪便像骰子一样四四方方的。它们有堆积粪便来宣示自己领地的习性，方形的粪便也更容易摆起来。但是，到底为什么袋熊的粪便是方形的？这个谜题还没有人可以解答。

为了紧致的皮肤可是花了心思的。

蝾螈
很在意皮肤的保湿

青蛙的小伙伴蝾螈，它们大部分的时间都在水中度过。

蝾螈睡觉的时候也基本都在水中，它们紧紧地抓着水草睡。但由于它们既用肺呼吸又用皮肤来呼吸，所以为了换气，蝾螈有时候也会在露出水面的石头上睡觉。但是如果长时间离开水的话，它们的皮肤会因为脱水而变得干燥，甚至会搭上性命。

为了避免无意中在水外睡的时间太长而导致皮肤干燥，蝾螈会往返于水面上下，它们非常注意保护皮肤的含水量。

小档案

【学名】红腹蝾螈

【分类】两栖类

【大小】全长7~14厘米

【栖息地】中国、亚洲

【活动时间】夜间

尽管蝾螈会因为身体干燥而失去性命，但它断掉的手足和尾巴却可以再生。不仅是手足，即使是失去了眼睛，蝾螈也可以再次生长出来。

能睡个好觉。

豹子喜欢
在树上睡觉

　　豹子基本上是单独行动，睡觉的时候也必须要保护好自己，所以它们选择在树上休息。与在地面相比，**在树上被天敌袭击的概率会相对小；在树上睡的另外的好处，就是通风良好，且不易被蚊虫叮咬**。

　　豹子中的小伙伴云豹，非常擅长爬树，树上不仅是它们的床铺，也是它们捕猎的地方。它们可以捕猎到栖息在树上的食蟹猕猴。另外，它们也会从树上向地面上的猎物飞扑过去。

　　因为豹子过着独居生活，所以不管是睡觉还是捕猎，它们都很擅长利用树呢！

小档案

【学名】豹子
【分类】哺乳类
【大小】体长雄性140~190厘米、
　　　　雌性约120厘米
【栖息地】亚洲、非洲、阿拉伯半岛
【活动时间】夜间

不仅是爬树，豹子也很擅长游泳，跑起来速度也非常快。在追赶猎物的时候，它们的速度可以达到每小时60千米以上。而且，它们的弹跳力也很强，它们可以轻松跳到2.5米左右的高度。

也是很辛苦的呢！
有这么大的嘴

巨嘴鸟"闻着腋下的味道睡觉"的说法是假的

巨嘴鸟有着巨大的鸟喙。它们睡觉的时候就把喙埋在羽毛下面，那样子就像很谨慎地保护着重要的东西一样。

那么究竟为什么巨嘴鸟要把喙放在羽毛下呢？这是有明确的理由的。因为鸟喙的尺寸越大，从那里流失的热量就越多。夜晚，气温下降，在羽毛根部的皮肤里分布着的血管很温暖，鸟儿把喙埋在里面来保持体温。

所以，说巨嘴鸟是因为喜欢自己腋下的味道，而一边闻着腋下一边睡觉的传闻，其实是个误会。

小档案

【学名】黑颈阿卡拉鵎
【分类】鸟类
【大小】全长30厘米
【栖息地】中美洲、南美洲
【活动时间】白天

相对于巨嘴鸟的身体，它们的喙太大了，因此它们吃东西的时候非常费力。不仅是因为有喙挡着很难看见食物，而且它们不能直接进食，需要把食物抛起来然后用喙接住才能吃到。

海豹只有在陆地上睡觉时才会做梦

　　海豹也和海豚一样，在水中睡觉时进行的是"半球睡眠"（本书第120页）。它们不时常换气的话就会溺水。为了睡觉时也能记得探出水面换气，海豹在水中睡觉时有一半的大脑是醒着的。因为**如果要做梦的话，必须整个大脑进入深度睡眠状态**，所以很遗憾，海豹在水中是做不了梦的。

　　但是，海豹并不是一直在水中，它们偶尔也会上岸睡觉。**在陆地上就不用游泳了，所以睡觉的时候可以让整个大脑都好好休息。**说不定海豹在岸上睡觉的时候还可以做梦呢。

　　小档案

　　【学名】港海豹
　　【分类】哺乳类
　　【大小】体长雄性160~200厘米
　　　　　　雌性140~170厘米
　　【栖息地】从太平洋到大西洋
　　【活动时间】白天

　　海豹的身体不能立起来，它们在岸上只能匍匐前进。但是海豹在水中却意外地灵活，它们可以潜到水下300米的地方，游泳的时候速度能达到40千米/时以上。

熊猫

由于露出肚子是很危险的，所以野生的大熊猫不怎么会这样做。

熊猫和猫咪的有趣睡姿大对决

在没有天敌的动物园或家里，熊猫和猫咪可以毫无防备地安心睡觉。因此人们能够看到它们呈现出的各种各样的睡姿。大家最喜欢哪一种呢？

仰着睡

趴在路上睡

坐着睡

坐着就开始打呼噜，有时候拿着食物就打盹儿睡着了。

在身体乏力的状态下，伸展四肢趴着睡觉。

滚成球形睡

无精打采地睡

蜷着身体呼呼大睡。露出屁股的样子很可爱。♥

看起来像是快要掉下来一样瘫软在树上，其实它能很好地掌握平衡。

猫咪

肚皮大大地朝天仰着睡，这是放心安睡的证明。

天气寒冷的时候经常能看到猫的这个睡姿，像鹦鹉螺化石一样圆圆的。

像鹦鹉螺化石一样地睡

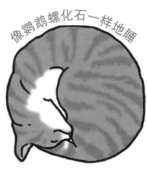

肚皮朝天地睡

道歉睡姿

蜷着身子像在说"非常抱歉"的睡觉姿势。

只有身体柔软的猫咪才能做到把身体折着睡。

杂技睡姿

虽然狭窄的箱子看起来很挤，但是对猫咪来说这是可以让它们感到安心的休息室。

睡在箱子里

直挺挺地睡

小猫在熟睡的时候会直直地伸展着四肢睡觉。

131

睡觉时也睁着眼睛的动物有哪些呢？

在众多动物中，有像人类一样有眼皮的，也有没有眼皮的。也睁着眼睛睡觉的动物有哪些呢？

没有 眼皮
眼睛闭不上

有 眼皮
可以闭上眼睛

蝴蝶
昆虫们没有眼皮。蝴蝶在夜晚收起翅膀，在树叶下一动不动。

鲨鱼
鲨鱼有一种叫作"瞬膜"的发白半透明眼皮，可以闭上保护眼睛。

秋刀鱼
除鲨鱼以外的鱼类都没有眼皮。它们边游泳边睁着眼睛睡觉。

蜥蜴
虽然没有眼皮的爬行类动物有很多，但是蜥蜴和乌龟等是有眼皮的。

壁虎
由于壁虎没有眼皮，为了不让眼睛干燥，它们就用舌头舔眼球来滋润它。

麻雀
人类的眼皮是从上往下闭，但大多数鸟类和爬行类闭眼的时候，眼皮是从下往上闭的。

蛇
虽然蛇没有眼皮，但在它们眼睛的表面有一层鳞，可以防止眼睛干燥。

狗
哺乳动物中有的从上往下闭眼，有的从下往上闭眼，两种闭眼方式都有。

第6章

潜伏在黑暗里的
动物们

不仅仅是在夜晚，
黑暗也存在于阳光照射不到的洞穴、深海和地下等。
在那样的环境中生活，会变成什么样子呢？

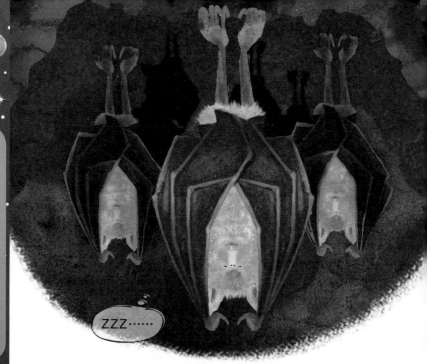

ZZZ……

蝙蝠有时会倒挂着死去

蝙蝠是哺乳动物中唯一能在天空中飞翔的种类。蝙蝠是夜行性动物，白天，它们就待在洞窟等昏暗的地方，天色暗下来它们就开始活动了。

蝙蝠是非常能睡的动物，**一天中醒着的时间竟然只有4小时！**那以外的时间它们就倒挂着迷迷糊糊地睡觉。蝙蝠即使吃得饱饱的，身体也会不断消耗能量，因此它们必须好好保存体力。

蝙蝠的爪有着倒挂睡觉也不会掉下来的结构，所以有时候也有蝙蝠就那样倒挂死掉。但是，在需要排便的时候蝙蝠会抬起头，用前爪的指甲抠住树枝，然后"扑通——！"在这一点上蝙蝠有在好好努力呢！

小档案

【学名】马铁菊头蝠
【分类】哺乳类
【大小】张开翅膀长30厘米
【栖息地】亚洲、欧洲等
【活动时间】夜间

由于一直生活在黑暗的地方，蝙蝠的视力不是很好。取而代之的是它们有发达的超声波能力！大多数蝙蝠可以发射超声波来确定周围事物的位置和形状，这是其他哺乳动物没有的能力。

这就是眩目之术!

萤火鱿发着光死去

　　萤火鱿会发蓝白色的光。它们一部分的触须前端和肚子上有着可以发光的器官。**一只萤火鱿发出的光的亮度竟然是线香的4倍还多。**

　　萤火鱿平时住在深度为200~700米的深海里。到了晚上，它们就浮到深度30~100米接近海面的地方吃浮游生物或是产卵。这样做可以让卵被水流带到远方，从而提高存活的可能性。

　　几百万只萤火鱿一起浮上来的时候像宝石一样美丽，但是发着光殒命的萤火鱿，其实是在产卵后被浪拍到岸上后死去的。因此，享受这种光的也只有人类了吧……

◆小档案

【学名】萤火鱿
【分类】软体动物
【大小】体长5~6厘米
【栖息地】亚洲
【活动时间】夜间

💡 萤火鱿在海面上浮着时，如果腹部（海底侧）发光，在下面的鱼儿们就看不到萤火鱿的身姿，这是发挥了一种叫作"反影伪装"的可以迷惑视线的效果，萤火鱿以此来保护自己不受敌人袭击。

裸鼹鼠女王忙着监视工鼠没工夫睡觉

　　裸鼹鼠的族群由30~90只成员组成，它们在地下的巢穴里生活。处于族群最高位置的是它们的女王。族群里的雄鼠有1~3只，其余的都是工鼠。

　　有趣的是，工鼠的**分工很丰富**。有守护巢穴的士兵、搭建巢穴的工人和负责调配食物的主管等，其中居然还有专门负责为王后刚产下的孩子们保暖的"被子负责人"。

　　女王的任务不仅仅只有生育。研究发现，和工鼠比起来，**女王的睡眠时间更短**。因为**女王要监视偷懒的工鼠让它们好好干活**。女王的睡眠时间比工鼠还短，看来地位高也并不是一件好事呀！

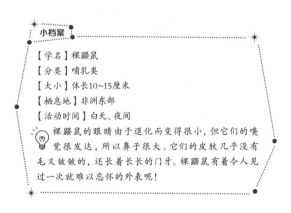

小档案

【学名】裸鼹鼠

【分类】哺乳类

【大小】体长10~15厘米

【栖息地】非洲东部

【活动时间】白天、夜间

裸鼹鼠的眼睛由于退化而变得很小，但它们的嗅觉很发达，所以鼻子很大。它们的皮肤几乎没有毛又皱皱的，还长着长长的门牙。裸鼹鼠有着令人见过一次就难以忘怀的外表呢！

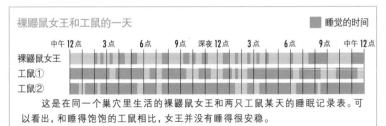

裸鼹鼠女王和工鼠的一天　　　　　　　　　　　　　■ 睡觉的时间

	中午12点	3点	6点	9点	深夜12点	3点	6点	9点	中午12点
裸鼹鼠女王									
工鼠①									
工鼠②									

　　这是在同一个巢穴里生活的裸鼹鼠女王和两只工鼠某天的睡眠记录表。可以看出，和睡得饱饱的工鼠相比，女王并没有睡得很安稳。

137

木村蜘蛛是搞伪装的专家

　　木村蜘蛛是一种在亚洲被发现的蜘蛛品种。它们的肚子上还保留着节段，它们是原始的节板蜘蛛中的一种。

　　木村蜘蛛栖息在地下挖掘的洞穴里。**如果有猎物从巢穴的上方经过，木村蜘蛛就猛地飞奔出洞口捕获它们。木村蜘蛛用自己的蛛丝来为巢穴做盖子，再用土和苔藓将洞口伪装好**，这是多么令人惊叹的专业手法啊！对陷阱全然不知的猎物就这样慢慢走近木村蜘蛛的巢穴。木村蜘蛛主要在夜间活动，到了白天则一动不动。

　　到了繁殖的时期，雄蛛就去雌蛛的巢穴登门拜访，被允许后雄蛛才能进入。

小档案

【学名】木村蜘蛛
【分类】蛛形类
【大小】体长10~15毫米
【栖息地】亚洲
【活动时间】夜间

💡 木村蜘蛛名字的由来：它在1920年被亚洲高中生木村有香在鹿儿岛发现。当时这一新闻在全世界范围内成为了话题，后来就给它取了木村蜘蛛这个名字。

在晚上边
走边吃。♪

鼹鼠晚上
悄悄从土里钻出来

人们往往认为鼹鼠终其一生都不会从土里钻出来，其实，它们**经常会到外面来**。由于不适应在明亮的环境下活动，因此它们首先会从巢穴中探出头来确认周围的环境。尽管鼹鼠的眼睛因为退化而看不清楚东西，但它们还是可以感知到光亮的。**如果天还亮着的话，它们就会想着"太早了"**，然后回到洞穴里，等到天色暗下来了再从洞穴里出来，边走边寻找蚯蚓或其他昆虫来吃。

但是，这时候如果它被天敌猫头鹰盯上的话，它们就会丧命。"**鼹鼠遇到阳光就会死**"的说法是错误的。让它们死于地面的元凶，与阳光相比，更有可能是猫头鹰。野生动物的世界是很残酷的！

小档案

【学名】鼹鼠
【分类】哺乳类
【大小】体长13~20厘米
【栖息地】欧洲、亚洲、北美洲
【活动时间】夜间

💡 鼹鼠是谜一样的动物，从它们出生到养育子嗣，都还没有被研究清楚。据专家说，鼹鼠的人工繁育过程比繁育大熊猫还要复杂。

发光蕈蚊是
亮晶晶的骗子高手

大多数昆虫都有在发光处聚集的特性。发光蕈蚊则**会利用这个特性来为自己高效地聚集食物。**

在它们还是幼虫的时候，从昏暗的洞窟顶部，幼虫垂下从身体里分泌出的黏黏的液体。这黏液，简直**就像装饰灯一样闪闪发光！被光吸引过来的虫子被黏液缠住无法行动，发光蕈蚊的幼虫就可以慢慢地享受这美食了，**这是非常有效率的捕猎方式。

虽然这样的陷阱对虫子们来说是十分恐怖的，但闪闪发亮的外观却很是美丽，也有很多游客慕名前来观赏。发光蕈蚊真是连人类也能迷惑的厉害家伙呀！

【学名】发光蕈蚊

【分类】昆虫类

【大小】全长2毫米~3厘米

【栖息地】澳大利亚、新西兰

【活动时间】夜间

发光蕈蚊作为幼虫的时间很长，居然有9个月之久。尽管如此，它们变成成虫之后却只能活3天左右。由于成虫没有嘴所以无法进食，因此繁育后代才是成虫最首要的任务。

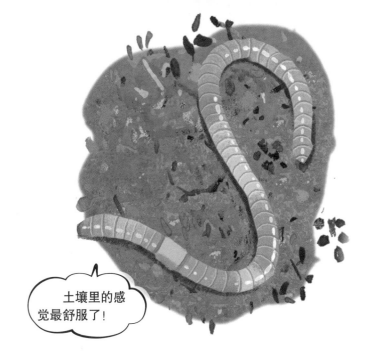

土壤里的感觉最舒服了!

蚯蚓会在道路上"自杀"

　　蚯蚓有着弯弯曲曲的身体。虽然它们常被人说看起来很恶心，但它们却是**很多动物的主食，蚯蚓对自然界来说是非常重要的存在**。蚯蚓非常有营养，就连它们的粪便也对改善土质有着非常大的贡献。

　　虽然住在土壤中的蚯蚓没有眼睛，但是**它们可以靠皮肤来感知光亮**。然而，与聚集在光亮处的虫子不一样，**蚯蚓把光视作危险，反而想要从光亮处逃走呢！**

　　但是，蚯蚓有时会不小心爬到沥青路面上，然后因为干燥而死亡。这一令人悲伤的现象被称为"蚯蚓的公路自杀"。

小档案

【学名】钜蚓

【分类】环节动物

【大小】全长10厘米

【栖息地】除冻土层和干燥地带以外的世界各地

【活动时间】夜间

　　下雨后蚯蚓到地面上来，是因为雨水堆积在土壤里，氧气变少了，蚯蚓在地下很难呼吸。并且，当土壤中的温度变得过高时蚯蚓也会爬出来。

在洞穴里生活的动物们

在阳光照射不到的洞穴里生活的动物，它们适应了黑暗，都完成了各自独特的进化。

即使是令人害怕的外表，也有着十分重要的理由：它们是为了生存下来才变成这个样子的。

突灶螽

用比身体还长的腿做超级跳跃

突灶螽喜欢狭窄黑暗，并且湿度很高的场所。虽然它们也可以在其他地方生活，但它们更喜欢湿乎乎的洞穴。白天，突灶螽潜伏在狭窄的地方，到了晚上它们就四处走动寻找食物。长长的后腿和触角是它们的特点，让它们可以跳得高高的。

【分类】昆虫类
【大小】身长12~23毫米
【栖息地】东南亚、东亚
【活动时间】夜间

💡 由于在潮湿的厕所也能看到突灶螽的身影，所以它们也被叫作"厕所蟑螂"。它们的弹跳力非常厉害，甚至还有因冲撞到饲养箱顶部而死的事情发生。

盲鱼

在黑暗中生活的时候眼睛退化了

盲鱼是世界上有名的"没有眼睛的鱼"。据说淡水鱼中的墨西哥丽脂鲤在洞穴内生活的时候，为适应黑暗，眼睛退化掉了，成了盲鱼。尽管失去了视力，但它们的嗅觉却非常灵敏，所以不会影响觅食。

【分类】鱼类
【大小】全长8厘米
【栖息地】美洲中部
【活动时间】白天、夜间

💡 据说约1万~100万年前出现。其实它们在洞穴外的水域里也可以生活。

盲眼洞穴小龙虾

黑色素消失而变得全白

　　它们有着看起来像褪了色的淡水龙虾一样的外表。黑色素可以保护皮肤不被阳光中的紫外线灼伤，然而对于盲眼洞穴小龙虾来说，它们并不需要防护紫外线，所以它们身体中的黑色素消失了，身体变成了纯白色。盲眼洞穴小龙虾用触须代替退化了的眼睛，来探索周围环境。

【分类】甲壳类　　【大小】身长5~10厘米
【栖息地】美洲　　【活动时间】白天、夜间

　　盲眼洞穴小龙虾的生长过程特别缓慢，到它们成熟为止要花100年的时间，它们最长的生长纪录是175年。为了在食物匮乏的洞穴环境中生活，它们消耗能量的速度非常缓慢。

洞螈

像龙一样的外表，没有眼睛的蝾螈

　　洞螈有着淡粉色的滑溜溜的皮肤和长长的尾巴。由于在黑暗中生活，它们的眼睛已经退化了，藏在了皮肤下面。相应的，它们的触觉很发达，甚至可以用皮肤来感知水中的声波。洞螈的寿命十分长，人类正在对它们进行相关研究。

【分类】两栖类　　【大小】全长20~30厘米
【栖息地】欧洲　　【活动时间】白天、夜间

　　由于洞螈的肤色和人类很像，因此在欧洲某些国家它们被人们称为"人鱼"。另外，由于它们的体态，在民间传说中它们是"龙的孩子"，神秘的生物。

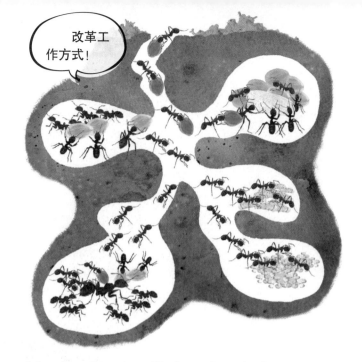

工蚁中有两成都在偷懒

同样的，在我们身边随处可见的蚂蚁，是几乎一生都在土壤里度过的属于黑暗的动物。和鼹鼠、裸鼹鼠一样，蚂蚁的视力也不怎么好。蚂蚁之所以能在地表觅食后平安回到蚁穴而不迷路，是因为它们能够产生信息素（气味物质）。蚁群由蚁后、雄蚁和工蚁组成，根据工种的不同，有的工蚁是24小时持续工作的。这是因为在黑暗的地下，没有昼夜之分。工蚁，简直就如它们的名字一样！

但是，工蚁也掌握了其中的诀窍，10只工蚁中就有2只会常常偷懒，它们其实是偷懒的行家！

【学名】盘腹蚁
【分类】昆虫类
【大小】身长4.5~8毫米
【栖息地】中国、亚洲
【活动时间】白天、夜间

蚂蚁的化石很难被发现，关于它们的进化过程也有很多未解之谜。据说蚂蚁是在1亿2 500万年前从胡蜂的祖先那里被分化出来的。仔细看的话，它们的体形确实和蜜蜂很像！

第7章

关于动物们

睡觉的小故事

不仅仅是夜晚，还有冬眠和夏眠等
好几个月都在睡着的动物，
也有假装睡觉的动物，
关于睡觉有这样那样的有趣故事。

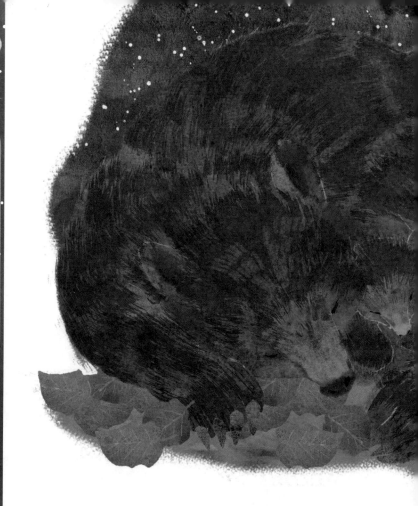

熊在冬眠中生产并照顾宝宝

　　熊平常无论是白天还是黑夜，都过着想吃就找东西吃，想睡就睡的生活。但是从寒冷又缺乏食物的冬天到大地回春之前的这段时间，它们都在洞穴中冬眠。

　　在冬眠的这段时间中，熊并不是一直睡着。母熊会在冬眠期间生宝宝。熊宝宝会吃妈妈的奶，大小便的话，熊妈妈会帮它舔干净。所以，熊妈妈为了照顾宝宝，不能熟睡。熊宝宝在1岁半的时候才可以独立生

一起睡
很暖和呢！

活，因此在下一个冬天熊宝宝也还是和妈妈一起冬眠。

熊的正常体温是37℃，在冬眠期间体温会下降3℃，进入节能模式。但是母子一起睡的话就能暖暖和和的，是十分完美的过冬方式呢！顺便一提，冬眠期间的公熊是自己单独在洞穴中度过的。

小档案

【学名】棕熊

【分类】哺乳类

【大小】体长2~2.3米

【栖息地】欧亚大陆、北美洲、亚洲北海道

【活动时间】主要为白天

熊爸爸熊妈妈在冬眠中不排泄。它们用硬硬的大便把肛门堵住，冬眠结束后它们靠吃蜂斗菜来消解便秘。至于小便，熊的身体构造非常便利，它们可以把积攒在膀胱里的尿液变成有用的水分并再次利用。

雄虾夷栗鼠做好准备等着雌鼠从冬眠中醒来

呀!

7

关于动物们睡觉的小故事

小档案

【学名】虾夷栗鼠

【分类】哺乳类

【大小】体长15厘米

【栖息地】亚洲北海道

【活动时间】白天

它们会把食物塞在颊囊里带走。它们的颊囊可以撑得很大,一边可以塞进2~3个橡子。颊囊塞得满满的虾夷栗鼠,鼓着腮帮子的样子看起来十分可爱。

终于见到了呢！

经常睡觉的虾夷栗鼠平时在洞穴里一天能睡15个小时以上。它们的冬眠期也很长，从每年10月左右到开始回暖的次年4月，占了一年中的一大半时间呢！虾夷栗鼠在冬眠期间并不是一直睡着的，它们时常会醒过来，吃点储藏的食物，然后再度陷入睡眠。

它们在冬天快要到来之前开始准备，并且认认真真地挖掘冬眠用的洞穴。一只虾夷栗鼠单独住一个洞穴，但它们会挖两个洞，一个用来储藏昆虫、坚果等食物，另一个作为用来睡觉的卧室。

临近春天的时候，雄虾夷栗鼠会提前一个月醒来。为了繁衍后代，雄鼠会在雌鼠的洞穴前等着它们醒来。要是起床出门的时候，发现有个家伙一动不动地等在外面，容易被吓出心脏病吧……

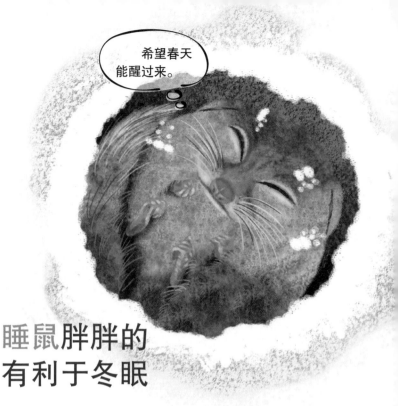

睡鼠胖胖的
有利于冬眠

　　睡鼠也是需要冬眠的动物。它们**在冬眠时体温会下降到接近0℃，呼吸也减少到30分钟一次**，把身体耗能压缩到最低程度，像死了一样陷入深度睡眠。睡鼠在冬眠前要吃很多东西来储存脂肪，作为冬眠时要消耗的能量。也有研究表明越是胖胖的睡鼠，冬眠的时间就越长。但是，由于不能调节自己的体温，有的睡鼠会直接就这样在冬眠中死掉。

　　睡鼠冬眠的场所一般在树洞中搭好的巢穴里，然而如果找不到合适的地方，它们也会被迫睡在雪中。到底来年开春它们能不能醒来，它们也不知道。对睡鼠来说每年冬天都是一场苦战。

小档案

【学名】亚洲睡鼠

【分类】哺乳类

【大小】体长6~8厘米

【栖息地】亚洲

【活动时间】夜间

亚洲睡鼠背部的皮毛上有一条黑色的线，乍一看的话，就像是树枝的影子一样。这是它们的伪装，可以保护自己不受亚洲锦蛇和乌鸦等天敌的袭击。

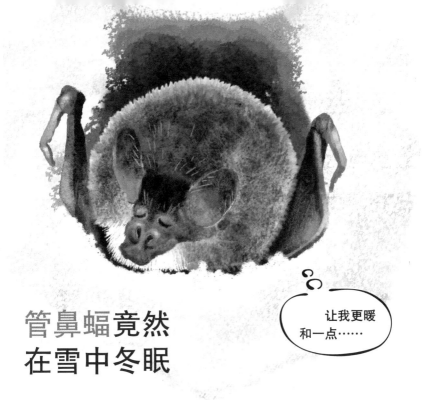

让我更暖和一点……

管鼻蝠竟然在雪中冬眠

管鼻蝠平时睡在树洞等地方。从秋天到入冬的时候，它们就要为了准备冬眠而转移阵地。

它们搬家的目的地居然是雪中。据观察，**管鼻蝠会在雪中挖一个小洞，然后把身体蜷在里面冬眠**。大家会想，它在雪里不会被冻死吗？但其实，比起会进风的树洞，在雪洞中更容易保持体温，会更暖和。

它们在冬眠中有时会醒过来喝水，其实就是舔舔周围的雪墙而已。由雪做成的巢穴真是意外地方便呢。

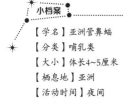

小档案

【学名】亚洲管鼻蝠

【分类】哺乳类

【大小】体长4~5厘米

【栖息地】亚洲

【活动时间】夜间

冬眠以外的时期，管鼻蝠在各种各样的地方睡觉。在树洞中、枯叶或绿叶下、树根的缝隙中等，它们可以利用的场所太多了，而且它们每天都会变换睡觉的地方。

雨，雨，快下雨吧！

非洲侏儒鳄
在沙漠中夏眠

　　不仅有冬眠，为了避免夏日的燥热，也有进行"夏眠"的动物。其中一个例子就是非洲侏儒鳄。

　　大多数的鳄鱼都居住在水边，但**一部分的非洲侏儒鳄在沙漠中生活**。在沙漠中，时间长的话，有好几个月都不会下雨。就算是酷热也不能泡在水里凉快一下，因此，非洲侏儒鳄**为了在暑热和干燥中保护自己，它们选择在洞穴中睡觉**。夏眠时，它们不捕猎，也不吃任何东西，这是为了尽量不活动，来抑制体力的消耗。

　　非洲侏儒鳄努力地克服酷暑，一心一意地等着下雨的日子。

* 小档案 *

【学名】非洲侏儒鳄
【分类】爬行类
【大小】全长150厘米
【栖息地】非洲西部
【活动时间】夜间

　　非洲侏儒鳄是小体形的鳄鱼，从头部到口鼻部都很短。它们的嘴巴尖尖的，就算是闭上也会露出牙齿来。因此它们的表情看起来像是在笑一样，但其实并不是那样。

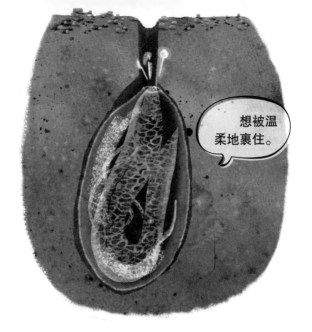

想被温
柔地裹住。

肺鱼在夏眠中用黏膜把身体包裹住

　　肺鱼，如同它的名字一样，**它们用肺部呼吸**。它们是鲜有的需要把**嘴探出水面换气的鱼**。

　　在肺鱼生活的地区，到了夏天的干旱季节，池中的水会因为酷暑而干涸。没有水的话，鱼也会因为身体干燥而无法生存。**为了在干燥的环境中保护自己，肺鱼会在每年的干旱季节进行夏眠。**夏眠的时候，为了**不让自己的身体变干，它们用黏膜把自己包裹住，然后钻进土壤里**。为了呼吸，肺鱼会在黏膜上开一个小口。

　　在非洲，人们会把正在夏眠中的肺鱼像白薯一样挖出来然后吃掉。

小档案

【学名】非洲肺鱼

【分类】鱼类

【大小】全长80厘米~1米

【栖息地】非洲

【活动时间】夜间

　　和其他的鱼比起来，肺鱼的鱼鳍比较厚，看起来就像手和脚一样。由于这样的外表，它也被称作"在海底走路的鱼"和"长着手的鱼"。肺鱼是在约4亿年前出现的生物，是人类的大前辈呢！

153

企鹅挤眼睛是一半大脑
正在休眠的信号

在动物园和水族馆里常会看见企鹅闭着一只眼睛的样子。对此，有人会兴奋地说："企鹅冲着我挤眼睛呢！"但很遗憾，那并不是企鹅在挤眼睛。

企鹅之所以闭着一只眼睛，是因为它们一半的大脑正在休眠。和候鸟及海豚睡觉的时候采用的"半球睡眠"一个道理（本书第120~121页）。企鹅在睡觉的时候，和正在休息的半边大脑相反方向的眼睛会闭上，所以如果企鹅闭着右眼，那么它们的左半边大脑就正在休息。

企鹅也有各种各样的睡姿，**帝企鹅常常站着睡觉**。人类在站着睡觉的时候会垂下头，但企鹅却几乎没有低着头的时候。**体形娇小的洪堡企鹅还会把肚子贴着地面睡觉**。

不好意思，并不是在冲你挤眼睛哟！

小档案

【学名】帝企鹅
【分类】鸟类
【大小】体长100~130厘米
【栖息地】南极
【活动时间】白天

雄性和雌性企鹅经常会交相鸣叫。但那不是在互相倾诉"我爱你"之类的甜言蜜语，而是在说"我应该没认错你吧"，并以此来互相确认身份。

貉的"装睡"其实是昏厥中的状态

人家很脆弱的。

人们有把装睡叫作"貉睡觉"的说法。这个说法是因为，**当貉受到惊吓的时候会昏过去，那样子看上去就像睡着了（死了）一样**。貉听到猎人的枪声会吓得昏死过去，等过一会儿缓过来之后再落荒而逃……因此，人们经常会以为貉其实是在装睡。但这绝不是貉想用假寐来蒙混过关，而是因为**它们真的很胆小脆弱**。

直到现在，还会有貉被汽车的喇叭声吓昏过去，而被车撞到的事故发生。

小档案

【学名】貉
【分类】哺乳类
【大小】体长50~80厘米
【栖息地】东亚、东欧
【活动时间】白天、夜间

貉终其一生都只会和同一位配偶和睦地生活在一起。雄貉会积极地帮助育儿活动，它会给正在照顾孩子的雌貉搬来吃的，或是在雌貉出去觅食的时候帮忙照看孩子。

比起装睡，
负鼠更擅长装死

我死了，
我装的。

负鼠的**特技是超越了装睡的装死**。当敌人逼近，它们感受到危机的时候，负鼠就倒下并开始它们的表演。

那演技真是太精湛了！它们装死的时候会翻白眼，吐出舌头，分泌出臭臭的唾液，闻起来和已经死了的动物发出的气味很像。**这时的负鼠看起来真的像死了一般**，然后它们会在敌人感到震惊或大意的间隙逃跑。

负鼠甚至可以持续装死6个小时之久，为了测试它们到底是不是真死，人们在检测负鼠的脑电波时发现它们的大脑运作得好好的。

小档案

【学名】北美负鼠
【分类】哺乳类
【大小】体长35~55厘米
【栖息地】加拿大南部至中美洲
【活动时间】夜间

负鼠的肚子上有袋子，刚降生的宝宝们被放在袋子里成长。等到它们长大了，它们就爬到负鼠妈妈的背上。负鼠有很多宝宝，真辛苦呢。

我这是在警戒状态中。

豚鼠并不是呆呆地过着一生

　　与夜行性的仓鼠相反，豚鼠是昼行性的。它们休息的时间是在夜晚，会闭上眼睛睡得香香的。

　　白天也能偶尔看到豚鼠睁着眼睛一动不动的样子，有人以为它们是在睁着眼睛睡觉。但是，这并不是在睡觉，而是因为紧张在观察周围环境的姿态。

　　这是由于野生的豚鼠在岩石多且裸露的地方生存，它们要时常警戒着上空有没有雕或鹰的袭击。虽然表面上看豚鼠是在睁着眼睛发呆冥想，其实它们是在侧耳倾听远处的声音，时刻保持着警惕。

✦ 小档案 ✦

【学名】豚鼠
【分类】哺乳类
【大小】体长20~40厘米
【栖息地】南美
【活动时间】白天

💡 虽然豚鼠常给人稳重乖巧的印象，但大概一岁以前这段时期，它们一感到兴奋激动，就会扭动着身体做出独特的弹跳动作。这动作像爆米花被崩出一样，所以也被叫作"爆米花跳跃"。

路上小心，
慢慢飞哦。

喙头蜥借宿在海鸟的巢穴里

在一个房子里和其他人一起生活，这样的事是常有的。同样的，也有一个巢穴由不同的动物一起使用的事。

海燕等海鸟到了产蛋和育儿期，会在海边的地面挖巢穴居住。喙头蜥就借住在那里。由于海鸟在白天的时候要出去觅食，喙头蜥就瞄准了这个时间来到巢里稍事休息。等到海鸟回来的时候，夜行性的喙头蜥就出门觅食了。它们的关系基本上是很和谐的，偶尔也有厚脸皮的喙头蜥，不仅仅是借住，它们还会把巢里的鸟蛋或雏鸟吃掉。

小档案

【学名】喙头蜥
【分类】爬行类
【大小】全长50~80厘米
【栖息地】新西兰北部
【活动时间】夜间

喙头蜥除了两只眼睛，其实还有"第三只眼"。有一个说法是在它们出生半年后，第三只眼睛会覆盖在鳞片下面，虽说不能视物，但还是能感受到光线。据说喙头蜥的样子和在恐龙时代的时候并无变化，因此它们也被称为"活化石"。

159

为了避开人类 而选择转向夜晚的动物

被抢走了栖息地，为了从人类的视线里溜走而选择在夜间活动的动物越来越多了。

就像曾经，哺乳动物的祖先们为了躲避恐龙而逃到夜间生活一样……

这样的变化会给生态系统带来什么样的影响，现在还未可知。

索 引 （汉语拼音顺序）
*第一章、专栏部分除外。

图书在版编目（CIP）数据

夜间动物图鉴 / (日) 今泉忠明著；周立宜译. ——
西安：未来出版社, 2023.1
ISBN 978-7-5417-7344-0

Ⅰ.①夜… Ⅱ.①今… ②周… Ⅲ.①动物—儿童读
物 Ⅳ.①Q95-49

中国版本图书馆CIP数据核字(2022)第130237号

夜间动物图鉴
YEJIAN DONGWU TUJIAN

[日] 今泉忠明/著　　　周立宜/译

著作权登记号：陕版出图字25-2022-036

总 策 划：李桂珍	策划统筹：	高 琳 张美姌
责任编辑：张晟楠	排版制作：	北京图德艺术文化发展有限公司

内文插画：RORON　山田优子　东山昌代　水野purin　速水eri

出版发行：未来出版社	社　　址：	西安市登高路1388号
电　话：029-89122633　89120538	邮政编码：	710061
经　销：全国各地新华书店	印　刷：	陕西金和印务有限公司
开　本：787mm×1092mm　1/32	印　张：	5.5印张
字　数：110千字	版次印次：	2023年1月第1版第1次印刷
书　号：ISBN 978-7-5417-7344-0	定　价：	48.00元

版权所有　翻版必究（如发现印装质量问题，请与出版社联系调换）